LA PLUS BELLE HISTOIRE DE L'HOMME

André Langaney
Jean Clottes
Jean Guilaine
Dominique Simonnet

LA PLUS BELLE HISTOIRE DE L'HOMME

Comment la Terre devint humaine

Avec le concours amical de Nicole Bacharan

FRANCE LOISIRS
123, boulevard de Grenelle, Paris

Édition du Club France Loisirs, Paris,
réalisée avec l'autorisation des Éditions du Seuil.

ISBN : 2-7441-2931-3.

Sommaire

Prologue

Et soudain, l'homme... Un jour, il n'y a pas si longtemps, ce drôle d'animal s'est distingué de ses congénères. Il s'est arraché à la nature, l'a colonisée, transcendée, transformée. Il a inventé le couple, la famille, la société. Et le pouvoir, l'amour, la guerre... Pourquoi ? D'où lui est venu son esprit de découverte, sa soif de conquête ? Oui, pourquoi l'homme ? Comment sommes-nous devenus ce que nous sommes ?

On pensait que tout avait été dit sur nos origines, on croyait bien connaître nos premiers ancêtres, et on les considérait avec condescendance comme des étrangers frustes et peu évolués. Et pourtant... Ce que la science révèle maintenant a de quoi nous étonner : notre propre nature – notre apparence, notre hérédité, notre intelligence – mais aussi notre propre culture – nos comportements, nos modes de vie, notre imaginaire – ont été scellées, il y a plusieurs millénaires, par nos tout premiers grands-pères. Et notre identité n'a pas beaucoup changé depuis. En un sens, nous serions encore dans la préhistoire de l'humanité.

Nous l'avions découvert dans *La Plus Belle Histoire du monde* (Seuil, 1996) avec Hubert Reeves, Joël de Rosnay et Yves Coppens : l'être humain résulte de cette longue évolution de l'univers et de la vie qui, depuis 15 milliards d'années, pousse dans le sens d'une complexité croissante : les atomes, les molécules, les étoiles, les cellules,

les êtres vivants et nous, les hommes, qui ne cessons de nous demander d'où nous venons... Tous unis comme les maillons d'une même chaîne, du Big Bang à l'intelligence humaine. Nous descendons ainsi des singes et des bactéries, mais aussi des étoiles et des galaxies.

C'est la suite de cette fascinante épopée que nous allons raconter ici. Au cours de la période décisive où l'intelligence prend le relais de la matière, les événements s'accélèrent. À l'origine, il n'y a qu'une seule et même population de chasseurs-cueilleurs, si petite qu'elle manque de disparaître : en un sens, nous sommes tous des rescapés de l'Histoire... En colonisant la planète dès −100 000 ans, ces aventuriers se multiplient et déclenchent une série inouïe d'inventions : l'art, le sacré, la religion. Puis, vers −10 000 ans (c'est-à-dire 10 000 ans avant J.-C.), la sédentarisation, l'agriculture, l'élevage et ses corollaires : la propriété, les hiérarchies, les inégalités... La société bien organisée en somme, l'État bientôt... Comme si un formidable engrenage avait entraîné les hommes sur la pente irrésistible de la civilisation.

Au fil de ces pages, on pourra trouver quelques similitudes entre les révélations de la science et certaines de nos croyances. La lumière du Big Bang évoquait déjà celle de l'Ancien testament (« Que la lumière soit ! ») ; les origines de la vie résonnaient joliment avec des mythes antiques. On découvrira ici que la savane paléolithique a parfois un petit air de paradis sur Terre ; et que le groupe de colons fondateurs de l'humanité peut très bien trouver sa place dans les écrits bibliques... Mais, répétons-le : la religion relève de la foi. La science, des faits. Les deux univers ne sont pas en concurrence.

Notre récit se fonde, lui, sur le foisonnement des découvertes les plus récentes. On croyait que l'essentiel avait été trouvé, que la planète avait été largement fouillée, les sols retournés, les cavités explorées... Pourtant, depuis quelques années, on ne cesse d'exhumer des merveilles : des fossiles à la pelle, des grottes à la beauté inégalée, des vestiges de maisons et de villages qui nous apportent une nouvelle lumière sur nous-mêmes. Les méthodes, aussi, ont été rénovées : désormais, on ne laisse plus rien au hasard. On étudie le moindre bout d'os, le plus petit résidu de charbon, l'infime pollen et la moindre graine. Les restes d'un vieux feu de bois suffisent parfois à reconstituer le repas de nos ancêtres, leur habitat, le paysage qui les environnait, et même les relations sociales qu'ils nouaient...

Outre l'archéologie, quantité de disciplines modernes sont venues apporter leurs petites pierres. Voilà les biologistes qui font parler les chromosomes et retrouvent, dans l'intimité de nos gènes, les traces de la colonisation passée ; les physiciens, dont les énormes accélérateurs de particules peuvent dater quelques atomes de peintures prélevés sur un rocher ; les linguistes, qui établissent la généalogie de nos dialectes ; les ethnologues, qui devinent, dans les cultures de la planète, les gestes et les croyances d'antan... Et puis aussi les botanistes, les neuropsychologues, les zoologistes, même les artistes... Tous concourent désormais à porter un regard nouveau sur nos origines.

Qu'on se rassure : malgré ce déploiement impressionnant de sciences, nous n'utiliserons pas ici le moindre jargon. Comme la précédente histoire du monde, ce récit s'adresse à tous, adultes et adolescents, quel que soit leur niveau de connaissances. La règle du genre est simple : nous posons toutes les questions, surtout les plus naïves, comme le font les enfants, car ce sont toujours les plus pertinentes. Et nous demandons non seulement ce que sait la science, mais aussi *comment* elle le sait.

Notre comédie humaine se déroule en trois actes qui racontent trois conquêtes – celle du territoire, celle de l'imaginaire, celle du pouvoir – dans un dialogue avec trois des meilleurs spécialistes de ces questions. Les plus grands chercheurs sont souvent d'excellents vulgarisateurs, sans doute parce qu'ils savent prendre du recul par rapport à leurs propres travaux et en dégager le sens profond. L'espèce est donc rare, mais nos trois interlocuteurs en font heureusement partie : scientifiques reconnus mondialement, personnalités d'exception, ils sont aussi conteurs de grand talent. Le temps d'un été, sur les chantiers de fouille où s'exhume un village du passé ou dans le secret des mystérieuses grottes ornées, ils se sont prêtés au jeu de la libre conversation. Ce livre est le fruit de nos rencontres très amicales, dominées par la passion, l'humour et souvent l'émotion.

Notre premier acte s'ouvre dans la savane natale, au moment où l'animal humain cherche à se distinguer de ses cousins simiesques. Est-ce par curiosité ? Par nécessité ? Les premiers chasseurs-cueilleurs quittent le berceau africain pour se faire voyageurs. Une fois la Terre conquise, la nation des hommes se multiplie et se diversifie, les couleurs de peau se modifient, les langues foisonnent. C'est le printemps des peuples, des ethnies. Et déjà le mélange, déjà la mondialisation...

D'emblée, donc, l'unité de l'espèce est posée. À partir de ce fonds commun, les humains vont inventer une gamme de modes de vie, de traditions, de comportements. Pourquoi se distinguent-ils ainsi du monde sauvage ? Qu'est-ce qui les pousse à se diversifier ? Comment l'environnement opère-t-il sa sélection ? Il est impossible de découper la population en catégories, nous dit aujourd'hui la science. La notion de race humaine n'a pas de sens précis. Chaque être humain porte les mêmes types de gènes que son voisin. Mais pourquoi y a-t-il des peaux noires et des peaux blanches ? Qu'est-ce qui fait vraiment la différence ? Ces questions, bien sûr, sont lourdes de conséquences.

André Langaney n'a pas l'habitude de les esquiver. Enfant, il voulait être gardien de zoo, et marquait les fourmis et les escargots pour mieux les suivre à la trace. Il a très vite compris que l'animal humain était lui aussi intéressant à pister. Généticien, spécialiste des populations, il devint l'un des premiers à appliquer les méthodes modernes de la biologie à la compréhension du passé. Il ne s'est pas contenté de scruter les gènes humains au fond de ses éprouvettes, il les a traqués sur quelques terrains privilégiés, notamment parmi les populations du Sénégal oriental et du Groenland. Le chercheur, qui a pris ses leçons d'innovation aux États-Unis et exerce de hautes responsabilités au musée de l'Homme à Paris et à l'université de Genève, est connu pour son franc-parler. Il est toujours prêt à entrer dans l'arène pour éviter que la science ne serve de prétexte à de fausses différences ou à de vraies discriminations.

Au deuxième acte, les humains prennent de la hauteur. Ils lèvent les yeux au ciel, s'interrogent sur leurs origines et cherchent à se représenter le monde au-delà de l'horizon. Quelque 30 000 ans avant Gauguin, Seurat, Picasso, ils prennent des fusains, des pigments, des pinceaux et s'en vont au plus loin, au plus profond des grottes, pour dire leurs croyances et peindre leurs visions. On commence seulement à comprendre aujourd'hui avec quelle surprenante maîtrise ces ancêtres ont œuvré. Avec quelle ferveur aussi : en décorant les parois de leurs cavernes, ils cherchent à communiquer avec les esprits, à passer de l'autre côté du miroir. C'est dans ce festival d'art et de beauté que se développe le sens du sacré et que s'esquisse la religion.

Notre imaginaire s'est donc exprimé là, dans le secret de sanctuaires que l'on ne cesse aujourd'hui de découvrir et d'explorer. Pourquoi ces gestes gratuits ? Pourquoi l'art s'est-il épanoui dans les ténèbres ? À quels dieux s'adressaient ces bisons énigmatiques et ces chevaux sculptés ? Que nous disent ces hiéroglyphes de la préhistoire ?

Jean Clottes, conservateur général du Patrimoine, expert mondial des grottes ornées, tente depuis longtemps de se mettre dans la tête de nos ancêtres. Et il y réussit. Il passe une grande partie de sa vie dans le silence des cavernes, plongé dans l'étude des plus vieilles fresques de l'humanité. Niaux, Cosquer, Chauvet, il les connaît toutes par cœur, il en est le protecteur, officiant à la tête du Comité international de l'art rupestre. Sa passion lui vient aussi de l'enfance : petit, il suivait son père, qui était l'un des pionniers de la spéléologie, dans les sous-sols de l'Aude et de l'Ariège. Les premiers ossements humains qu'il y a trouvés – quatre mille ans d'âge, une misère ! – ont décidé de sa vocation. C'est dire s'il connaît le prix des choses du passé, et avec quelle passion il les raconte – avé l'accent, évidemment.

Au troisième acte, une idée change le monde. Dans quel esprit malin a-t-elle germé, dix mille ans avant notre ère ? Au lieu de se plier aux caprices des saisons, de s'échiner à traquer les animaux, on comprend que l'on peut commander la nature, et on ose le geste nouveau : on sème la première graine, on élève le premier mouton. Et c'est la révolution ! Partout sur la planète humaine on fait halte, on défriche, on s'installe, créant les premières maisons, les premiers villages. La vision du monde en est bouleversée. Les modes de vie aussi : il faut désormais s'organiser, se donner des chefs, pérenniser son territoire et son autorité. C'est le début du pouvoir, l'esquisse de l'État...

Notre culture s'est forgée dans ce creuset-là, il y a quelques millénaires, et elle a perduré au moins jusqu'à la révolution industrielle du XIXe siècle. Pourquoi l'idée ancestrale est-elle née simultanément dans quelques foyers précurseurs dispersés sur la planète ? Pourquoi est-elle partie, une fois encore, du Proche-Orient pour « évangéliser » l'Europe ? Y avait-il une logique de l'évolution intellectuelle qui aurait conduit les hommes à un tel bouleversement ? Le pouvoir est-il l'inévitable résultat de la sédentarisation ?

Jean Guilaine, professeur au Collège de France, connaît mieux que quiconque cette mutation profonde, cette « néolithisation », qui a définitivement changé le destin de l'humanité. Pendant son enfance, il baignait, comme il dit, dans une ambiance rurale, en pays cathare, forcément sensible à l'Histoire. C'est à l'âge de dix-huit ans qu'il a découvert des sites néolithiques uniques. Son avenir était tout tracé. Spécialiste mondial de cette période, il parcourt désormais le bassin méditerranéen, auscultant les vestiges des premiers villages, reconstituant le cadre de vie des premiers sédentaires. S'interroger sur nos origines est pour lui un moyen d'éclairer nos comportements présents et de puiser aux sources de notre propre identité.

Car, en réalité, nous en sommes encore là aujourd'hui, bien campés sur nos acquis du néolithique. Le grand chantier entrepris par l'homme il y a quelques millénaires est tout juste en train de s'achever : le globe est conquis, le monde sauvage asservi. L'humanisation du monde, son « artificialisation », s'achève. Il n'y a plus d'Amérique à découvrir, plus de terres à conquérir. C'est la fin de la nature, du moins dans sa version originale. Peut-être même aussi la fin d'une certaine idée du progrès.

Certes, depuis nos premiers grands-pères, le décor a changé : le village est désormais planétaire, l'espace est mondialisé et le temps instantané. On n'échange plus des silex, mais des informations. La planète s'est réduite : on peut l'embrasser du regard avec le recul des satellites et la considérer dans sa globalité... Mais avons-nous vraiment avancé depuis ces temps préhistoriques ? Si nos techniques, nos connaissances, notre vision du monde ont incontestablement progressé, peut-on en dire autant de nos valeurs, de notre « humanité », au sens philosophique du terme ? Au vu de ce siècle, qui déborde de savoirs acquis mais aussi de barbaries inédites, il est permis d'en douter. Nous aborderons ce débat en guise d'épilogue.

Fin de la nature, donc. Fin d'un chapitre de l'aventure terrienne. Mais ce n'est certainement pas la fin de l'Histoire. Celle de l'homme, et de la femme, commence à peine. La planète est désormais humaine. Mission accomplie. Et maintenant, qu'est-ce qu'on fait ? Comment se développer dans un monde que l'on sait limité ? Quelle nouvelle idée de l'évolution inventer ? Comment poursuivre cette histoire pour qu'elle reste ou devienne la plus belle ? Les questions nous sont posées avec une incontestable urgence.

On le comprendra au fil de ces pages : ce regard porté sur notre passé nous suggère une nouvelle manière de penser : peut-être faudra-t-il accomplir une autre révolution conceptuelle, au moins aussi décisive que celle du néolithique ? On sait en tout cas qu'il faut se méfier des apparences : sous nos habits de civilisés se cache une peau racornie, venue de la nuit des temps. Le primate est en nous, qui sommeille. Il ne faut pas l'oublier : nous sommes toujours dans la préhistoire. À nous de savoir muer.

Dominique Simonnet

ACTE 1

La conquête du territoire

SCÈNE 1

Sur la terre natale

Quelque part, dans la nuit des temps, un singe, bizarre et turbulent, cherche à se distinguer du monde animal. Dans son intimité, au cœur de ses cellules, s'esquisse déjà le destin de l'humanité.

L'animal humain

Dominique Simonnet : *Il a fallu plusieurs milliards d'années pour que la Terre se forme et pour que s'y développe un phénomène unique dans ce coin d'univers : la vie. Mais il y a seulement trois millions d'années que les premiers hommes sont apparus et 100 000 ans à peine que nos ancêtres directs, les* Homo sapiens, *ont commencé à s'agiter... L'histoire de l'homme que nous allons raconter au fil de ces pages n'est qu'une dérisoire étincelle si on la compare à cette longue histoire du monde depuis le Big Bang. Pourquoi cette révolution humaine ? Sait-on aujourd'hui comment l'être humain s'est ainsi distingué du monde animal ?*

André Langaney : L'homme ne descend pas du singe, comme on le dit trop souvent. C'est un singe. S'il y a une continuité dans l'histoire du monde, du Big Bang jusqu'à la vie sur la Terre, il y a aussi une continuité entre nos ancêtres primates et nous-mêmes. On le sait depuis un bon siècle déjà, grâce à l'étude des fossiles. Nous en avons la preuve aujourd'hui par la génétique. Ce sont nos gènes, ces portions de chromosomes enfermées dans nos cellules, qui déterminent ce que nous sommes : des individus de l'espèce humaine. Eh bien, les gènes humains ne sont pas du tout originaux. La plupart d'entre eux sont identiques à ceux des chimpanzés, certains sont semblables à ceux de la mouche ou du platane ! Nous sommes des parents très proches des autres primates, mais aussi des mammifères et de l'ensemble du monde vivant.

Qu'est-ce qui fait la différence alors ? Qu'est-ce qui nous rend humains ?

Ce qui fonde l'originalité de notre espèce, c'est justement le fait qu'une si faible différence puisse avoir des conséquences en apparence aussi spectaculaires, qu'elle modifie le cerveau humain au point de lui donner des aptitudes que les cerveaux animaux n'ont pas. Mais ces différences sont-elles aussi importantes qu'on le dit ? On a toujours tendance, par exemple, à sous-estimer les capacités des chimpanzés.

En quoi ?

Les chimpanzés utilisent des outils de pierre qu'ils conservent parfois pour les réutiliser, ou des baguettes de bois pour pêcher des termites qu'ils fabriquent et renouvellent à chaque fois... Ils ont inventé le matériel jetable bien avant nous. Ils sont aussi capables de lancer des pierres... Entre ces outils et les galets des premiers hommes, qui étaient sommairement taillés de manière à présenter une arête tranchante, la différence n'est pas évidente...

Vive la grammaire !

Alors, où est la vraie différence ?

En fait, ce qui distingue vraiment notre espèce des autres, c'est notre langage : nous sommes capables de combiner des mots selon une grammaire pour construire des phrases, et celles-ci acquièrent alors un sens supérieur à ce que donnerait la simple addition des mots entre eux. C'est un langage « à double articulation » des mots et des sens. Seul le cerveau humain est capable de communiquer des informations de cette manière. On a démontré que les grands singes pouvaient apprendre plusieurs centaines de mots, jusqu'à 900 pour certains chimpanzés. Mais ils ne produisent pas spontanément des phrases nouvelles.

Peut-être a-t-on été mauvais pédagogues avec eux ?

Peut-être... Mais pendant des années et des années, on a essayé de leur apprendre à associer plus de deux mots, sans succès. Et on sait aussi que leur cerveau ne dispose pas des mêmes zones spécialisées pour le traitement du langage que les nôtres... Les singes possèdent une mémoire. Ils peuvent comprendre des mots. Mais, jusqu'à preuve du contraire, ils ne peuvent pas acquérir une grammaire.

Même pas une toute petite ébauche ?

Il existe dans la nature des systèmes de communication animale très sophistiqués, chez les primates évidemment, mais aussi par exemple chez les mésanges bleues, de petits oiseaux qui disposent de cinquante cris différents, avec un sens associé à chacun de ces signaux. Mais cela ne fait pas des phrases. Les linguistes n'ont trouvé aucun intermédiaire entre ces codes de signaux animaux et notre langage à double articulation. C'est tout l'un ou tout l'autre : ou l'on a la grammaire, ou on ne l'a pas. Pourquoi ? Mystère... Nous n'avons même pas une hypothèse pour répondre.

La grammaire serait donc la grande spécificité humaine ! Curieuse découverte !

Oui. Je le dis souvent aux enfants : « Si vous n'apprenez pas la grammaire, vous resterez des singes ! » Il arrive que des humains soient élevés dans des conditions où ils ne peuvent pas apprendre leur langue maternelle : ce fut le cas des esclaves déportés à qui l'on interdisait de pratiquer leur langue et qui se retrouvaient immergés dans la culture française ou anglaise, par exemple. Eh bien, on constate que la première génération parle extrêmement mal la langue des colonisateurs ; elle invente alors une sorte de *pidjin*, un nouveau langage avec sa propre grammaire. À la deuxième génération, ce *pidjin* devient un créole qui a toutes les propriétés d'une langue. La capacité linguistique semble donc bien le propre du cerveau humain, et nous la mettons en application dès que nous avons des mots pour le dire.

Du pôle au Sahara

Pour vous, ce serait la seule caractéristique véritablement humaine ?

Il y en a une seconde, sans doute permise par la première : notre capacité à nous diversifier. Dans la nature, une même espèce animale occupe toujours le même type d'environnement, dans lequel elle adopte la même gamme de comportements. Ainsi, partout sur la planète, toutes les populations d'une même espèce occupent le même type d'habitat, vivent de la même manière, mangent de la même manière, organisent leurs sociétés de la même manière... Elles sont guidées par des contraintes physiologiques et biologiques. Certaines espèces de singes sont polygames : alors, tous les singes de ces espèces le sont. D'autres espèces pratiquent la fidélité à vie, comme les gibbons, et tous les gibbons le font... À part quelques variations de détails, chez les chimpanzés en particulier, tous les individus d'une même espèce suivent donc la règle générale de l'espèce.

Seules exceptions, les humains ?

Oui. Nous, nous sommes capables de vivre aussi bien dans les glaces du pôle que dans les sables du Sahara, avec tous les intermédiaires maritimes et terrestres possibles. Nous inventons des structures sociales qui changent totalement d'une population à l'autre, d'une ethnie à l'autre. L'espèce humaine s'est diversifiée en milliers d'ethnies différentes, elle suit des normes qui ne sont plus déterminées par la biologie comme le sont celles des animaux, mais qui sont apprises. Et elle connaît une immense variété de comportements, de structures sociales, d'environnements...

La grammaire et la faculté de nous diversifier, voilà donc pourquoi nous ne sommes pas vraiment des singes comme les autres. Sait-on à quel moment ces deux dons nous sont venus ?

Mystère... De quand date l'acquisition des potentialités de notre cerveau ? Sont-elles apparues il y a très longtemps sans être utilisées ? Les tout premiers humains étaient-ils capables de s'exprimer comme nous ? Ou alors parlaient-ils sommairement ? Personne ne peut le dire. Il ne reste rien de cette histoire-là.

La maîtrise de l'outil ne constitue-t-elle pas une étape décisive ? On a besoin de communiquer pour apprendre à tailler des pierres et pour l'enseigner à ses congénères...

Certains l'ont prétendu. C'est faux : les animaux sont capables d'apprendre des techniques sophistiquées par imitation, sans avoir besoin d'un langage. En revanche, lorsqu'on sait qu'il y a 100 000 ans des gens inhumaient leurs morts en Palestine avec des rites funéraires – on a trouvé des pollens de fleurs et des offrandes de bois de cervidés dans leurs tombes –, il est difficile d'imaginer de telles pratiques sans langage. Celui-ci est donc apparu entre deux périodes : le moment où les deux lignées, celle des singes, celle des hommes, se séparent à partir d'un ancêtre commun, il y a 7 millions d'années environ ; et le moment où se développent l'art, les rituels, la spiritualité qui, à l'évidence, ne pouvaient exister sans la parole, vers −100 000 ans au plus tard. L'acquisition du langage s'est sans doute déroulée en deux temps : d'abord l'acquisition de la compétence linguistique et ensuite sa mise en œuvre. Mais ni les paléontologues, avec leurs fossiles, ni les biologistes qui étudient les gènes ne peuvent la dater avec précision.

Notre voisin, l'ancêtre

Remontons donc à l'origine. Notre histoire commence il y a 7 millions d'années sur la terre natale : sans doute en Afrique de l'Est, quelque part du côté de la Rift Valley. C'est là où notre lignée se sépare de celle des singes, à partir d'un ancêtre commun, comme nous l'avons évoqué avec Yves Coppens dans La Plus Belle Histoire du monde. *Rappelez-nous la physionomie de ce petit animal.*

Il est effectivement petit, comme vous le dites. C'est un phénomène courant dans l'évolution, que l'on observe chez les mammifères par exemple : les ancêtres sont généralement moins spécialisés, mais aussi plus petits que leurs descendants. L'ancêtre commun aux singes et aux hommes devait donc être bien plus petit que ses descendants australopithèques, qui, d'après leur squelette, mesuraient un mètre de haut. Il devait avoir des jambes relativement longues et un crâne rond, bien posé sur la colonne vertébrale. Il était sans doute nocturne, comme le sont souvent les petits animaux qui se protègent ainsi mieux des prédateurs, et devait avoir adopté une attitude verticale, s'il descendait à terre.

Déjà debout sur ses deux pattes de derrière ?

Oui. La formule « l'homme descend du singe » nous induit une fois encore en erreur. On imagine généralement cet ancêtre comme une espèce d'animal se dandinant sur ses quatre pattes avec une colonne vertébrale horizontale et un crâne en porte à faux à l'extrémité... Il faudrait plutôt le voir comme un petit primate qui grimpait le long des troncs ou passait de branche en branche en s'agrippant avec ses membres supérieurs, mais qui possédait déjà, comme le gibbon, un crâne rond posé sur une colonne vertébrale verticale.

La station debout est-elle la cause de notre évolution ou sa conséquence ? s'interrogeait Yves Coppens. Est-ce, selon vous, le fait de se dresser sur ses pattes arrière qui a fait l'humain ?

Pour moi, la bipédie a certes permis l'acquisition des caractères humains, mais elle ne l'a pas déclenchée. En particulier, je ne vois pas bien comment elle aurait provoqué la modification du cerveau ou l'apparition du langage. L'humain descend plutôt d'un mauvais grimpeur déjà bipède. Plus tard, des australopithèques comme Lucy, qui escaladait fréquemment les arbres, auront, eux aussi, une démarche tout à fait bipède.

Amours microscopiques

Et puis l'histoire des uns et des autres diverge, les descendants de cet ancêtre commun se séparent. D'un côté, ceux qui donneront les singes actuels ; de l'autre, ceux qui deviendront les ancêtres des humains. Que sait-on aujourd'hui sur ce grand événement ?

On peut penser que trois lignées se sont démarquées à partir de l'ancêtre commun : celle qui a donné les gorilles, celle qui a donné les chimpanzés, celle qui a donné les humains.

Comment pouvez-vous l'affirmer ?

On sait que, dans nos cellules, les chromosomes sont composés d'ADN, longs brins de molécules torsadées en double hélice et enroulées d'une manière très compliquée. En laboratoire, on peut mettre en présence deux simples hélices d'ADN provenant de deux espèces différentes afin de voir si elles se « reconnaissent », c'est-à-dire si elles arrivent à faire des doubles hélices ensemble, en trouvant spontanément leur correspondant, un peu comme les deux morceaux d'une fermeture Éclair. Résultat : entre l'ADN humain et l'ADN de lapin, le taux de reconnaissance est de l'ordre de 80 %. Entre humain et chimpanzé, le résultat est stupéfiant : la quasi-totalité de l'ADN humain (999 pour 1000) s'hybride avec l'ADN du chimpanzé. Ce qui montre que les deux espèces sont vraiment très proches. D'autres expériences le confirment.

Vous nous en dites un mot ?

Les biologistes ont désormais la possibilité de visualiser les chromosomes des êtres vivants. Pour cela, on effectue un prélèvement sanguin, on cultive des cellules, puis, après une série d'opérations chimiques, on colore les chromosomes qui sont à l'intérieur des noyaux cellulaires et on les photographie avec des microscopes optiques à haute résolution.

Ce sont des photos d'identité génétique de l'espèce, en quelque sorte.

En quelque sorte, oui. Des clichés qui permettent d'analyser la structure des chromosomes dans le détail. On a ainsi découvert que la quasi-totalité des gènes humains sont organisés comme ceux du chimpanzé, mais ils ne sont pas toujours situés au même endroit sur les chromosomes : on a repéré neuf grandes différences d'emplacement entre les deux espèces. Par exemple, la deuxième paire de chromosomes humains équivaut à l'addition de deux paires que l'on trouve distinctes chez le chimpanzé.

C'est intéressant, mais qu'est-ce que cela signifie ?

Cela montre qu'au fil de l'évolution les chromosomes se sont parfois cassés, des morceaux se sont dissociés, recollés... C'est ce qui a séparé les espèces. En comparant l'ADN de tous les primates, on arrive à déterminer sur quelle lignée se sont produits ces changements. Certains chromosomes sont identiques chez les humains, les chimpanzés, les gorilles ; d'autres sont communs aux humains et aux chimpanzés, mais les gorilles sont différents ; d'autres structures se trouvent chez les gorilles et les chimpanzés, mais pas chez les humains...

Qu'en conclure ?

Cela veut dire que ces trois lignées, toutes descendantes du même ancêtre, les préhumains, les prégorilles, les préchimpanzés ont continué à s'hybrider...

C'est-à-dire à se mélanger, à faire des enfants ensemble ?

Oui, pendant un certain temps, du moins après leur séparation. Selon deux chercheurs français, Bernard Dutrillaux et Jean Chaline, l'hypothèse la plus simple serait que les trois familles se seraient réparties sur des aires géographiques contiguës et que les échanges auraient été plus fréquents entre les populations voisines de préchimpanzés et prégorilles d'un côté, et préhumains et préchimpanzés de l'autre.

Paleolitic Park

Les préhumains, nous racontent les paléontologues en étudiant leurs vieux bouts d'os, ce sont les australopithèques qui ont vécu longtemps, entre – 6 millions et 3 millions d'années. Que disent les généticiens ? Peut-on imaginer retrouver un jour un peu d'ADN sur un squelette, qui pourrait alors vous révéler les secrets de nos lointains ancêtres, un peu comme dans le film Jurassic Park ?

Connaître les séquences d'ADN de nos ancêtres serait effectivement fondamental : on pourrait comprendre comment les espèces se sont séparées, quelle forme ancestrale a donné notre identité d'aujourd'hui... Mais les manipulations sur de l'ADN de dinosaure, comme dans *Jurassic Park,* c'est du cinéma, pas de la science. On ne peut récupérer de l'ADN que sur des restes de peau séchée, momifiée, et dans certains cas des traces sur les os, à condition qu'ils ne soient pas trop vieux.

C'est-à-dire ?

Pas plus de quelques dizaines de millénaires, sinon les os sont minéralisés. Il n'y a plus, semble-t-il, la moindre particule osseuse sur le squelette de la fameuse australopithèque Lucy par exemple : c'est de la pierre ! D'ailleurs, quand on soulève un de ses os, on est toujours surpris par le poids, car on s'attend intuitivement à sentir quelque chose de beaucoup plus léger. Il n'y a aucune chance d'y trouver de l'ADN ou des protéines.

En a-t-on découvert sur des os moins anciens ?

Oui. Certains chercheurs ont travaillé sur de l'ADN de momies âgées de quelques milliers d'années, et sur des cerveaux d'Indiens de 8 000 ou 9 000 ans qui avaient été fossilisés dans des tourbières en Floride. On peut alors étudier certains gènes sans problèmes. Rien de révolutionnaire : cela a confirmé leur relation avec les Indiens actuels d'Amérique, voilà tout.

Des fossiles dans nos cellules

On n'a rien trouvé sur les restes d'australopithèques ou sur ceux de leurs descendants, les humains, c'est-à-dire, dans l'ordre d'apparition, Homo habilis, *puis* Homo erectus, *et enfin* Homo sapiens ?

Peu de chose. On a bien récupéré un fragment d'ADN « mitochondrial », c'est-à-dire provenant de l'extérieur du noyau de la cellule, appartenant à un homme de Neandertal, la fameuse espèce d'*Homo sapiens* qui, on le verra, s'est éteinte. Cette toute petite séquence de 300 paires de base (notre patrimoine humain en contient 3 milliards) s'est révélée différente de ce que l'on connaît actuellement du patrimoine génétique de nos contemporains. Peut-être existe-t-elle encore dans notre espèce ? On ne le sait pas. En tout cas, elle ne ressemble pas aux séquences que l'on a analysées chez les êtres humains actuels. Mais nous n'en connaissons que 5 000, et nous sommes six milliards d'individus, vous savez.

Nous portons donc encore dans nos cellules les gènes de nos lointains ancêtres ?

Nos cellules contiennent un potentiel génétique propre à chaque individu, et en même temps propre à notre espèce, avec nombre de vestiges de notre histoire ancienne. Nous conservons effectivement de vieux gènes qui, chez nos ancêtres, ont joué un rôle, et qui, chez nous, sont inactifs ou n'agissent qu'à certaines périodes.

Par exemple ?

Certains de nos gènes nous ont fabriqué une queue, quand nous étions un embryon de trois semaines dans le ventre de notre mère, et des fentes branchiales, qui ont ensuite disparu. On sait aussi que les tumeurs sont dues à un dérèglement du matériel génétique dans les cellules : eh bien, dans certaines d'entre elles, des gènes se réveillent et suscitent la fabrication de poils ou de morceaux de peau, voire de cellules d'organes tout à fait incongrus. On peut imaginer que certains gènes qui, jadis, chez nos lointains ancêtres, commandaient les caractères archaïques sont encore présents dans nos chromosomes, et que, chez certaines personnes, ils sont réactivés... En fait, le meilleur ADN fossile, c'est celui que nous portons en nous, au cœur de nos cellules.

Les humains aiment la variété

Difficile dans ce cas de distinguer très clairement nos différents ancêtres, et les espèces humaines qui leur ont succédé.

On ne peut en effet pas dire avec précision ce qu'est un humain. Entre le premier *Homo habilis*, connu depuis trois millions d'années, et certains australopithèques, on a du mal à s'y retrouver. Les critères biologiques qui distinguent l'humain des autres, en particulier la possibilité de faire des enfants ensemble, ne nous sont pas accessibles. Les critères culturels sont flous. Yves Coppens vous a dit dans *La Plus Belle Histoire du monde* que les australopithèques auraient sans doute déjà utilisé des outils et qu'il n'y a qu'une seule espèce humaine depuis l'origine. Elle se serait transformée graduellement, à différentes époques, pour donner *Homo erectus*, puis *Homo sapiens*... D'autres paléontologues, tout aussi respectables, comme Ian Tattersal de l'American Museum, suggèrent au contraire qu'il y a eu des dizaines d'espèces humaines différentes, qui auraient disparu, à l'exception d'une seule, la nôtre... Impossible de trancher.

Il n'y a pas un petit fossile qui pourrait nous mettre sur la piste ?

Non, les fossiles humains sont extrêmement rares, et il nous en faudrait bien plus pour faire des hypothèses vérifiables. Quand on ne dispose que de deux squelettes présentables pour la période comprise entre −3 millions et −150 000 ans, il est impossible de savoir à quoi ressemblaient les multiples populations qui ont vécu pendant ces trois millions d'années et quelles furent leurs relations.

Donc il n'est pas impensable que, dès l'origine, il y ait déjà eu une grande diversité des espèces ou des catégories humaines.

Qui peut le dire ? Imaginez que, dans un lointain avenir, nos descendants retrouvent un squelette d'Esquimau, qui mesure en moyenne 1 mètre 40, et un squelette de Tutsi, dont la taille est supérieure à 1 mètre 80. Il est probable que les paléontologues du futur en feraient deux espèces différentes, ne serait-ce qu'à cause de la dimension, et ils se tromperaient de bonne foi, comme nos collègues d'aujourd'hui...

On dit que deux populations représentent deux espèces différentes, à partir du moment où elles ne peuvent pas faire d'enfants ensemble, c'est bien cela ?

Exactement. Or on sait que tous les hommes contemporains, qu'ils soient tutsis ou esquimaux, en dépit de leurs nombreuses différences, sont interféconds. Il y a une extrême variété des êtres humains aujourd'hui. Et pourtant, ils composent une seule et même espèce. Qu'il y ait eu autrefois une grande variété des humains préhistoriques ne prouve donc pas qu'ils étaient séparés en espèces différentes et ne l'exclut pas non plus.

Espèce unique ou non, les humains de cette époque restent en tout cas bien sages dans leur berceau africain.

Il semble que oui. Mais cela va rapidement changer. Notre espèce ne va pas tarder à se diversifier et à se distinguer : elle va partir, plusieurs fois sans doute, à la conquête de la planète.

SCÈNE 2

L'odyssée de l'espèce

Ils ont entrepris la longue conquête de la Terre. Peu nombreux, mais téméraires, les premiers colons partent à l'aventure, encore soumis pour des millénaires aux caprices de la nature.

Le premier voyage

Adieu, la terre natale ! En Afrique, les hommes, les vrais, ont succédé aux australopithèques et un jour certains d'entre eux, plus entreprenants ou plus curieux, se risquent loin de leur contrée d'origine, c'est bien cela ?

Oui. La conquête de l'ancien monde commence. À partir de −1,5 million d'années et jusqu'à −500 000 ans, les hommes – ce sont alors des *Homo erectus* – vont quitter leur lieu d'origine et se mettre à voyager. Comme on possède peu de fossiles datant de cette période, on sait seulement où certains sont arrivés et à quelles époques.

Mais on en est sûr, tout ce petit monde est originaire du même endroit, à l'est de l'Afrique ?

En tout cas, on n'en a pas trouvé trace ailleurs. Il faut dire que l'on n'a pas fouillé les autres continents avec la même intensité. Pourquoi s'est-on autant intéressé à la Rift Valley en Afrique ? Tout simplement parce que c'est une faille gigantesque, qui s'est ouverte en découvrant des sédiments très anciens, de quatre millions d'années. Partout ailleurs, en Asie, en Océanie ou en Europe, il faudrait creuser des puits de mine de trois kilomètres de profondeur pour accéder à des couches de la même époque !

C'est l'histoire de l'homme qui cherche ses clés la nuit sous un réverbère. « Es-tu sûr qu'elles sont tombées à cet endroit ? lui demande-t-on. » « Non, répond l'homme, mais là, il y a de la lumière. »

Exactement. Néanmoins, tout concorde aujourd'hui pour situer l'origine du genre humain dans cette région africaine.

Donc, notre grand-père erectus *prend son baluchon et part conquérir le monde. Cela va prendre du temps ?*

Les chasseurs-cueilleurs n'hésitent pas à parcourir cinquante kilomètres dans la journée, ou même davantage s'ils en ont envie. Faisons un calcul. Admettons qu'ils se déplacent trois cents jours dans l'année, qu'ils se reposent pendant deux mois... Ils parcourent donc quinze mille kilomètres en un an. Or, les *erectus* ont vécu pendant plus de un million d'années. Ils ont donc eu largement le temps de faire plusieurs fois le tour des continents.

Sait-on ce qui les a incités à voyager ainsi ?

Peut-être en avaient-ils simplement envie ? Ou, plus vraisemblablement, ils ont été contraints de se déplacer pour trouver de nouvelles ressources. Entre les périodes froides et les périodes chaudes qui se sont succédé au cours de cette période, les zones de végétation se sont parfois déplacées de 3 000 kilomètres en latitude ! Il est évident que les humains ont dû alors migrer pour suivre les animaux et trouver les plantes dont ils dépendaient pour leur survie.

On imagine que le voyage n'était pas de tout repos...

Nos ancêtres se sont souvent heurtés à des obstacles géographiques : des déserts ou des bras de mer. Mais à certaines époques, au contraire, la géologie leur a été favorable. Comme l'Indonésie faisait partie du continent asiatique en période de glaciation, les premiers *Homo erectus* ont pu se rendre à Java à pied, en passant par l'Asie du Sud. Vers −500 000 ans, il y a des *erectus* en Afrique, en Chine, en Indonésie, en Europe. L'Ancien Monde est conquis.

Retour à la case départ

Mais pas pour longtemps. Les pauvres erectus, *malgré leur conquête, vont finalement disparaître. En connaît-on la raison ?*

Ils ont peut-être cohabité un moment avec leurs successeurs, les *Homo sapiens,* mais cela est encore discuté. Comment refaire une histoire universelle de cinq mille siècles avec une trentaine de crânes ? D'autant plus que les spécialistes ne sont pas d'accord entre eux à leur sujet. Selon des paléontologues, certains de ces fossiles proviendraient d'*erectus* en voie de modernisation. Pour d'autres, ce sont déjà des vestiges d'humains modernes.

Pas simple...

Non. En fait, on ne possède qu'un squelette d'*erectus* entier – c'est le fameux jeune homme du lac Turkana, en Afrique, âgé de 1 600 000 ans – le seul squelette à peu près complet de la préhistoire avec Lucy. Et pour la période comprise entre −200 000 et −100 000 ans, une dizaine de fossiles, dont trois gisements seulement présentent des restes d'humains modernes acceptables : l'un découvert en Palestine, daté de 100 000 ans, un autre en Éthiopie, avec une certaine réserve sur la modernité des fossiles (entre 100 et 130 000 ans) et un troisième à confirmer, au Maroc, qui ne fait pas l'objet d'une datation fiable.

Qu'en conclut-on ?

Que l'on peut faire remonter l'apparition des humains modernes, les *Homo sapiens,* c'est-à-dire nous-mêmes, à une époque située entre −150 000 et −100 000, dans une région localisée au nord-est de l'Afrique, ou au Proche-Orient.

Retour à la case départ, donc. Mais pourquoi cette nouvelle forme humaine naît-elle au Proche-Orient et pas ailleurs ? Pourquoi leurs autres grands-pères erectus, *ceux qui étaient déjà installés sur d'autres continents, n'ont-ils pas évolué eux aussi en* sapiens ?

Certains chercheurs ont avancé l'idée que les *erectus* de Chine seraient les ancêtres des Chinois actuels, que les *erectus* africains auraient donné de leur côté les Africains... C'est une hypothèse absurde. Cela supposerait qu'il y ait un mécanisme interne, génétique, qui pousse l'espèce à évoluer de la même manière, au même moment et partout à la fois, ce qui, pour les biologistes, est contraire à toutes les théories actuelles de l'évolution. Celles-ci suggèrent que le changement n'a pu avoir lieu qu'en un seul endroit.

Les mutants ont de l'avenir

Car selon la théorie actuelle de l'évolution, pour qu'une nouvelle espèce naisse, il faut qu'un petit groupe s'isole et se transforme. C'est bien ce qu'on appelle « évoluer », n'est-ce pas ?

C'est effectivement le cas général : une petite population se trouve isolée dans un environnement différent de celui d'origine, elle subit un certain nombre de transformations génétiques qui l'empêchent de se reproduire avec la population dont elle s'est séparée. Si elle survit dans son nouvel environnement, elle s'impose comme une espèce nouvelle. C'est ce qui s'est, par exemple, passé dans la forêt amazonienne. Au cours d'une période de sécheresse, certaines espèces animales se sont trouvées limitées à de petits îlots de jungle, dans des conditions très différentes des précédentes. De nouvelles espèces y sont apparues. Quand le climat a retrouvé sa phase humide, celles-ci étaient devenues suffisamment différentes les unes des autres pour ne plus pouvoir se croiser entre elles.

Parce que, entre-temps, elles avaient subi des mutations de leurs chromosomes ?

Oui. Cela se produit fréquemment. Les gènes et les chromosomes ne sont pas des barres d'acier. Ils ne cessent de se casser, de se recoller, de muter, de changer, de se tromper en se recopiant... Même chez nous. Dans les consultations de stérilité, on voit souvent des personnes dont la structure des chromosomes est légèrement modifiée. S'ils perduraient au fil des générations, ces remaniements pourraient constituer des barrières à la reproduction avec les autres êtres humains. Mais peu d'innovations survivent : la sélection naturelle en élimine la majeure partie. Pour que des mutants puissent se perpétuer, il faut qu'ils soient très vite isolés, sinon leur mutation se dilue dans la population mère. Il y a l'exception des espèces jumelles, comme le chameau ou le dromadaire, ou même le tigre et le lion, qui peuvent quand même se croiser et dont les hybrides sont fertiles. Cela dit, ce ne sont pas de vraies espèces.

Quant à nos vieux erectus *et* sapiens *? Ont-ils pu se croiser comme vous dites ?*

On n'en sait rien. C'était possible si, en dépit de la morphologie, il s'agissait d'une seule et même espèce. L'hypothèse la plus simple pour expliquer la transition entre les deux est donc qu'une seule population d'*erectus* en Afrique aurait évolué et engendré des *sapiens,* avec ou sans changement d'espèce. En science, les hypothèses les plus simples sont les meilleures tant qu'on peut les conserver.

La terre non promise

Les hommes modernes sont apparus quelque part au Proche-Orient, en Palestine, dites-vous. Troublant... Une fois encore, comme pour le Big Bang qui évoque la création biblique (« Que la lumière soit ! »), la science rejoint d'une certaine manière la religion...

Il n'y a aucune cohérence entre la science et la religion. Il est vain de chercher les origines humaines en Terre sainte ou les traces de l'arche de Noé en Turquie. Je pense qu'il y a deux attitudes religieuses. La première consiste à s'en tenir aux textes et à interpréter la réalité en en faisant l'exégèse : c'est une attitude fondamentaliste qui, pour le christianisme, a été symbolisée par l'évêque chrétien Ussher : en 1600, il a calculé que le monde avait été créé le 23 octobre de l'an −4004, un samedi à 9 heures du matin. C'est évidemment ridicule. Certains rabbins intégristes voudraient réinhumer les fossiles très anciens au cas où il s'agirait de juifs... De telles conceptions sont évidemment totalement incompatibles avec la science.

Et l'autre attitude ?

Elle consiste à penser que les textes fondateurs ont une valeur symbolique, qu'ils sont destinés à tracer des lignes de conduite, à proposer une morale et des relations avec le créateur, ce qui ne concerne pas la science. Que celle-ci, en revanche, a la capacité de donner la bonne version de l'histoire, et que l'on peut faire l'exégèse des textes en les conciliant avec notre nouveau savoir. En reconnaissant « une certaine valeur » à la théorie de l'évolution, le pape Jean-Paul II a fait un très petit pas dans ce sens.

Au bord de l'extinction

Revenons donc en science. Voilà le petit groupe originel, la population fondatrice de notre espèce qui vit au Proche-Orient, voilà nos tout premiers grands-pères. Sait-on à quoi ils ressemblaient ?

On n'a aucun moyen de connaître leurs caractéristiques physiques externes, ni la couleur de leur peau. Si on spécule qu'ils ont vécu assez longtemps au Proche-Orient pour s'adapter aux conditions locales, on peut les imaginer plutôt bronzés ou basanés. Et si l'on considère qu'ils sont à l'origine de la diversité de toutes les populations humaines d'aujourd'hui, on peut dire qu'ils avaient une aptitude certaine à donner des descendants différents les uns des autres.

Que sait-on d'autre à leur sujet ?

On a récemment trouvé une chose assez étonnante, grâce à la génétique. En comparant les gènes des hommes actuels dans différentes régions du monde, on a découvert que l'ensemble était très homogène. On a alors simulé sur ordinateur les conditions de vie des populations ancestrales et la manière dont leurs gènes ont pu se transmettre. La seule solution pour arriver à l'homogénéité génétique des populations que l'on observe aujourd'hui, c'est que le nombre de nos ancêtres de la préhistoire, à une époque pas trop éloignée, ait été très faible, à la limite de l'extinction de leur population.

Au tout début ?

Pendant assez longtemps. Ce qui est confirmé par d'autres indices. Habituellement, plus une espèce est grande en taille, plus ses effectifs sont petits. Ainsi les populations de grands primates, de grands mammifères, de grands oiseaux ne sont jamais très nombreuses : des centaines de milliers d'individus au plus, et non pas des centaines de millions. Les humains ont suivi la règle des grands primates : ils étaient peu nombreux. D'ailleurs, alors que les fossiles humains plus récents sont pléthore, ceux datant du paléolithique, avant l'invention de l'agriculture, sont si rares que les chercheurs les conservent dans des coffres-forts.

N'est-ce pas justement à cause de leur ancienneté ? Peut-être ont-ils été détruits ou peut-être a-t-on plus de difficultés à les retrouver ?

Non, on enterre les morts dans des tombes depuis plus de 100 000 ans, et les conditions de fossilisation et de conservation des squelettes sont bonnes. Imaginons même que les humains du paléolithique aient pratiqué des méthodes de destruction systématique, qu'ils aient brûlé leurs morts et leurs os, on aurait quand même repéré des indices, des traces de foyers. Eh bien non. Si l'on n'en retrouve pas beaucoup, c'est parce qu'ils étaient très peu nombreux.

Combien étaient-ils alors ?

Cinq à dix mille reproducteurs pour l'espèce entière, soit une trentaine de milliers de personnes avec les parents et les enfants... L'équivalent de la population d'une ville comme Arcueil, pour peupler la totalité du monde, concentrée sans doute dans certaines régions. Les humains modernes étaient si peu nombreux à l'origine qu'ils ont frisé l'extinction pendant assez longtemps.

Nous aurions pu ne jamais apparaître ?

Absolument, il n'y a aucune prédétermination dans l'apparition du *sapiens.* Il aurait suffi d'un virus de type ebola ou sida contaminant ce groupe de 30 000 personnes, ou d'une grande famine due à une sécheresse, et c'était fini... Nous ne serions pas là pour en parler.

Le deuxième voyage

Si l'Homo sapiens *est apparu exclusivement au Proche-Orient ou en Afrique, il a dû alors lui aussi, comme son ancêtre* erectus, *se mettre en route pour occuper les autres continents.*

Oui. C'est la deuxième grande colonisation humaine, qui se déroule en quelques dizaines de milliers d'années, à partir de −100 000 ans. Bien longtemps après leurs ancêtres *erectus,* un petit groupe d'*Homo sapiens* – ce sont encore des hommes du paléolithique chasseurs-cueilleurs – part à son tour pour occuper les cinq continents : l'Asie, dont la Chine à −67 000 ans ; la Nouvelle-Guinée et l'Australie vers −50 000 ans ; l'Europe occidentale vers −40 000 ans, comme en témoignent les squelettes de ceux qu'on a appelés « les hommes de Cro-Magnon »... Puis ils recolonisent l'Afrique entre −45 000 et − 35 000 ans ; et l'Amérique, une première fois vers −45 000 ans, sans doute sans succès, et une seconde fois vers − 18 000 ans.

Je vais poser la sempiternelle question : comment sait-on tout cela ?

Nous possédons malheureusement peu d'informations sur ce second peuplement. Quelques fossiles, un crâne découvert en Chine, un autre en Australie, des outils et des traces d'activités anonymes, ici ou là... C'est faible. Nous devons donc reconstituer la continuité des événements par déductions en nous aidant des enseignements de la paléogéographie, cette science qui reconstitue l'évolution des continents dans le temps. Il y a 18 000 ans par exemple, dans une période qui a été particulièrement étudiée, on sait que le niveau de la mer était bas ; les îles de l'Asie du Sud-Est faisaient partie du continent et l'on pouvait aller à pied du Viêt-nam à Java, Formose ou aux Philippines. Mais il restait un bras de mer d'environ 90 kilomètres entre Timor et le continent qui réunissait alors l'Australie et la Papouasie-Nouvelle-Guinée.

Comment nos ancêtres l'ont-ils franchi ?

Peut-être en pirogue en bois... En tout cas, ils l'ont franchi. On sait aussi qu'à ce moment-là, le Sahara était beaucoup plus étendu qu'aujourd'hui, et qu'au centre de l'Afrique il y avait une étroite bande de forêt équatoriale, entourée de deux bandes de savanes. Un petit groupe d'humains a sans doute été piégé dans cet espace et peut-être y a-t-il connu des transformations particulières expliquant les caractères de certaines populations africaines... En fait, comme des simulations par ordinateur l'ont montré, il y a certainement eu de très nombreux mouvements de populations à ces époques : les humains étaient chasseurs-cueilleurs, semi-nomades, soumis à des variations de climats très importantes... Ils se sont sans doute déplacés beaucoup plus qu'on ne l'imagine.

Nos ancêtres, les immigrés

Quand nos ancêtres arrivent en Europe sur les traces de leurs prédécesseurs, ils ont une surprise : ils se trouvent nez à nez avec de drôles d'autochtones : les Néandertaliens. Doù viennent-ils, ceux-là ?

Ils ne sont pas tombés de la Lune. Ce sont les descendants soit d'*Homo habilis* qui auraient peuplé l'Europe longtemps auparavant et s'y seraient retrouvés isolés, soit, plus vraisemblablement, d'une bande d'*Homo erectus* qui auraient quitté plus tôt le Proche-Orient pour s'installer en Europe.

Yves Coppens nous le disait dans La Plus Belle Histoire du monde, *les deux populations cohabitent un moment.*

Oui. Pendant longtemps, on a cru que les *Homo sapiens*, appelés en Europe les Cro-Magnon, que l'on dépeignait comme des êtres nobles et évolués, étaient les plus anciens Européens, et que les Néandertaliens, ces brutes épaisses, étaient venus de contrées obscures. Cela permettait de prétendre que l'intelligence et les capacités artistiques étaient apparues en Europe et pas ailleurs. C'était doublement faux. D'une part, on sait maintenant que ces deux populations d'humains possédaient un savoir-faire équivalent, qu'elles enterraient leurs morts avec des rituels, qu'elles utilisaient des outils élaborés et qu'elles avaient la même culture à la même époque. D'autre part, en 1988, on a daté des fossiles d'humains modernes du Proche-Orient à −100 000 ans, et il a fallu renverser le modèle : les hommes de Cro-Magnon n'étaient pas les plus anciens habitants de l'Europe, ils venaient d'ailleurs. En ce sens, nos ancêtres étaient déjà des immigrés.

Vos Néandertaliens ont beau avoir été aussi malins que les autres, ils ont quand même fini par disparaître.

Certains imaginent qu'ils se sont battus et que cela s'est terminé par leur extinction. D'autres pensent qu'ils ont fait des enfants à des petites *sapiens* et qu'ils ont, en définitive, été assimilés génétiquement... Nous n'en avons aucune preuve. Et ce n'est pas le tout petit morceau d'ADN néandertalien dont nous disposons qui nous permet de savoir si les deux populations pouvaient se métisser, s'il s'agissait de deux espèces ou de deux variations du même humain moderne. Cela dit, il n'est pas rare de voir, dans la population actuelle, un individu avec un gros bourrelet sub-orbitaire, ou avec une drôle de tête à la face plus ou moins triangulaire. Est-ce le résultat d'une mutation de nos gènes qui se produit parfois ? Ou l'effet de vieux gènes néandertaliens qui, chez ces personnes, se seraient exprimés ? En tout cas, si l'on rencontrait un Néandertalien dans la rue, on serait un peu surpris, c'est vrai, mais il ne nous paraîtrait peut-être pas beaucoup plus exotique que certains de nos contemporains.

La vraie découverte de l'Amérique

D'autres ancêtres, disiez-vous, sont allés de l'autre côté de l'Atlantique : ce sera le dernier continent conquis. Sait-on comment s'est passée cette première découverte de l'Amérique ?

On a parlé à tort d'un pont de glace sur le détroit de Behring... C'est beaucoup plus simple. D'après les climatologues, le niveau de la mer baissait tous les 20 000 ans environ, et l'on pouvait alors accéder au continent américain à pied sec depuis la Sibérie. Au cours de la préhistoire, plusieurs occupations de l'Amérique ont sans doute eu lieu. Au Brésil, on a retrouvé des traces d'occupation humaine datant de 45 000 ans.

Que sont devenus ces premiers Américains ?

On ne le sait pas. Ont-ils laissé des descendants parmi les Amérindiens actuels ? Ou, ce qui est plus probable, ont-ils disparu ? On ne relève plus aucune trace humaine sur ce continent avant −18 000 ans. C'est à partir de ce moment que le vrai peuplement amérindien de l'Amérique se réalisa par le détroit de Behring, en vagues successives.

Déjà la mondialisation

Tous ces hommes, et ces femmes, qui partent à l'aventure, s'affrontent à la nature et s'installent sur les différents continents, vivent toujours comme leurs ancêtres depuis des millénaires : ils chassent et ils font la cueillette.

Oui. Ces chasseurs-cueilleurs restent très vulnérables. À cette époque, les populations humaines sont encore très peu nombreuses, elles sont de plus très isolées dans des environnements très différents – la forêt tropicale, les déserts, la Sibérie. Les trois quarts des enfants meurent sans doute avant d'avoir atteint l'âge adulte, de maladies, de dénutrition après le sevrage, ou de la famine.

La famine ? Ce n'est pas l'âge de l'abondance, comme on l'a parfois décrit ?

Les chasseurs-cueilleurs souffrent fréquemment de la famine et ils sont très exposés aux rigueurs de l'environnement. Il faudra attendre encore quelques millénaires pour que cette situation change véritablement avec l'invention de l'agriculture et de l'élevage, il y a 10 000 ans, qui fournira une abondance de nourriture et aura un effet immédiat sur les effectifs humains. Ceux-ci vont rapidement être multipliés par 10 à 30, selon les lieux, comme en témoignent les milliers de tombes et l'abondance des fossiles de cette période plus récente.

En attendant, on peut dire qu'il y a environ 20 000 ans (c'est-à-dire à −18 000 ans), la planète Terre est entièrement conquise ?

Oui. Vers −30 000 ans, on trouvait des hommes sur quatre continents, et peut-être en Amérique, si on considère le premier peuplement américain. Vers −18 000 ans, à l'exception quand même de certaines îles du Pacifique qui seront occupées bien plus tard – l'Île de Pâques ne le sera qu'au dernier millénaire –, ils peuplent en effet les cinq continents. La planète est entièrement colonisée.

SCÈNE 3

Le printemps des peuples

Tant bien que mal, nos ancêtres s'installent sur leurs terres conquises. Alors, lentement, les groupes se distinguent, les peuples se diversifient, les langues se singularisent. La grande diversité humaine s'épanouit.

Le tirage au sort

Ça y est ! La planète est colonisée. Les humains vivent désormais sur les cinq continents. Ils font tous partie de la même espèce, ils descendent tous de la petite population originelle dont nous avons parlé. Pourtant, ils vont se différencier. Comment ?

Même si elle s'étend maintenant sur toute la planète, la population humaine est encore très peu nombreuse. N'oublions pas que les groupes de migrants partis à la découverte d'autres territoires sont issus d'une communauté de quelque 30 000 individus et que les effectifs n'ont pas beaucoup augmenté pendant les millénaires de la conquête. L'ensemble des gènes qu'emporte dans ses cellules chacun de ces groupes de voyageurs n'est pas exactement semblable à celui de la population d'origine.

Pourquoi ?

Même s'il possède le patrimoine génétique commun de l'espèce, chaque individu est unique. Il a sa propre originalité génétique, une combinaison particulière qui lui vient de son père et de sa mère. D'une certaine manière, chaque émigration équivaut à un tirage au sort, comme si l'on puisait quelques poignées de gènes au hasard dans le stock commun. Les gènes qui étaient rares au départ risquent de ne plus être représentés dans l'échantillon ; les plus communs le seront sans doute, mais pas dans les mêmes proportions. En essaimant, les populations migrantes emportent donc un bagage génétique bien à elles, qui n'est pas exactement représentatif de la communauté d'origine, non pas dans sa nature – tous les êtres humains puisent dans le même stock – mais dans la répartition des gènes et dans leur fréquence. Et, petit à petit, au fil des générations, elles se distinguent des populations d'ancêtres qu'elles ont quittées.

Les migrations scindent la population d'humains, elles la diversifient aussi physiquement ?

Oui, mais le jeu des gènes ne suffit pas. Pendant la préhistoire, l'environnement joue lui aussi un rôle, en sélectionnant, au fil des générations, les individus qui lui sont les mieux adaptés : c'est ainsi que l'aspect physique, certains traits de la morphologie, la taille, les formes du corps, la couleur de la peau, se différencient.

Mais comment l'environnement opère-t-il sa « sélection » ? Prenons par exemple la couleur de la peau. Si on retient l'hypothèse que les premiers Européens, venus du Proche-Orient, étaient plutôt basanés, comment leurs descendants vont-ils devenir blancs ?

Pour répondre, nous n'avons pas d'autres moyens que d'étudier les humains d'aujourd'hui. Lorsqu'on établit la répartition des couleurs de la peau dans le monde, du moins chez les populations qui ne se sont pas déplacées récemment, on retrouve exactement la carte de l'ensoleillement : ceux qui vivent dans des zones ensoleillées ont la peau foncée, ceux qui habitent des régions à faible luminosité ont la peau plus claire.

Du soleil sur la peau

Ce qui suppose que le soleil a autrefois joué un rôle. Lequel ?

Nous devons faire des spéculations. On sait qu'actuellement les surfers blonds d'origine irlandaise ou suédoise développent plus de cancers de la peau que les aborigènes australiens qui vivent nus dans le désert. D'où l'idée que cette maladie a pu autrefois sélectionner nos ancêtres. Sur des dizaines de milliers de générations, cette vulnérabilité aurait pu créer une différence de mortalité : les humains à peau claire vivant en zone intertropicale auraient eu moins de descendants, ce qui expliquerait que, petit à petit, les populations de ces régions auraient été composées d'individus à peau foncée.

Soit. Mais, à l'inverse, pourquoi des peaux claires là où il y a moins de soleil ?

Autre hypothèse : on sait que la vitamine D est indispensable pour fixer le calcium dans les os, on en donne d'ailleurs aux enfants pour éviter le rachitisme. Notre organisme en fabrique naturellement sous l'influence des rayons ultraviolets du soleil qui frappent notre peau. Or, on a constaté que dans les zones de faible ensoleillement les peaux noires en synthétisent moins que les peaux claires. Leurs porteurs semblent donc plus exposés au risque de rachitisme. D'où cette autre idée que, dans la préhistoire, les individus sombres venant des zones tempérées ou froides auraient été davantage soumis au rachitisme. Au fil des générations, les personnes à peau claires auraient été sélectionnées. Mais ce ne sont que des hypothèses.

Papous, pas Bantous

Sait-on au moins combien de temps il a fallu pour que, d'une latitude à l'autre, la peau de nos ancêtres change radicalement de couleur ?

Ce fut assez rapide. Quelques milliers de générations sans doute... Regardez les Indiens d'Amérique. Ils sont arrivés récemment sur ce continent, entre −20 000 et −5 000 ans. Or, on remarque aujourd'hui que ceux qui se sont installés au Guatemala ou en Colombie ont, à la naissance, une peau beaucoup plus foncée que ceux du Canada ou d'Argentine : 15 000 ans ont donc suffi pour sceller cette différence. Même constat en Asie du Sud-Est entre les Mélanésiens, souvent très noirs, et les Polynésiens, plus clairs, alors que ces deux populations sont génétiquement et culturellement proches.

L'inverse existe-t-il ? Peut-on être physiquement semblable et génétiquement différent ?

Les Papous en Océanie et les Bantous en Afrique sont très éloignés quand on examine les fréquences de leurs gènes : les premiers sont génétiquement proches des Vietnamiens et des Chinois, les seconds davantage des autres Africains, ce qui semble logique. Pourtant, ils se ressemblent beaucoup physiquement : petits, cheveux crépus, peau très foncée, car ils vivent dans des forêts équatoriales semblables. Tout cela tend à prouver que, pendant la préhistoire, les occupants d'un même type de lieux ont rapidement acquis des caractéristiques physiques semblables, adaptées à leur environnement.

Les fausses races

C'est donc le jeu combiné des gènes et du lieu choisi par nos ancêtres qui a fondé les caractéristiques des peuples, ou faut-il dire des « ethnies », car aujourd'hui, la science n'emploie plus le mot « races », n'est-ce pas ?

Non. L'histoire de l'étude des « races » n'est qu'une suite de préjugés. La science en a eu sa part. Pendant longtemps, les anthropologues ont fait des classifications raciales d'après la couleur de la peau : les Blancs, les Noirs, les Jaunes. Lorsque, au début du siècle, on a découvert les groupes sanguins, on a pensé qu'on allait retrouver ces mêmes catégories et confirmer l'existence des races. Certains nazis essaieront même de montrer que le groupe B était une caractéristique métèque, symbole de métissage, et que les purs Aryens ne le possédaient pas. Tout cela était absurde. On sait aujourd'hui que la plupart des populations dans le monde possède l'éventail de tous les groupes sanguins. Il vaut mieux recevoir le sang d'un Papou du même groupe que le sien plutôt que celui de son voisin de palier de même origine mais d'un autre groupe. C'est la même chose pour les greffes d'organes.

Et pour les autres gènes ?

On connaît aujourd'hui des milliers de systèmes génétiques différents. Mais les gènes des Blancs ou les gènes des Noirs n'existent pas. On ne connaît aucun gène que l'on trouverait chez tous les Blancs ou tous les Noirs, et pas chez les autres. C'est la même chose pour l'ensemble des gènes connus. Après la Seconde Guerre mondiale, les scientifiques se sont aperçus que le répertoire des gènes était partout le même, dans toutes les populations. Que des gènes fréquents chez les Européens étaient peut-être rares chez les Orientaux ou les Australiens, mais qu'ils étaient quand même présents. Les différences génétiques ne correspondent pas aux catégories que nous imaginons d'après la tête des gens, la couleur de leur épiderme ou leur origine géographique. Elles ne permettent pas de découper la population des humains en groupes bien distincts.

Même pas en petits ensembles génétiquement semblables ?

Non. Bien sûr, si vous prenez deux personnes au hasard, elles ont plus de chances de se ressembler si elles appartiennent à la même communauté que si elles sont issues de deux communautés différentes. Mais cela ne constitue pas des familles génétiquement semblables. C'est peut-être difficile à comprendre, mais c'est ainsi : on ne peut pas établir de catégories génétiques simples dans la population humaine actuelle. Si vous rassemblez les personnes du groupe sanguin A, elles viendront de toutes les populations de la Terre. Si vous vous intéressez au gène rhésus +, vous découvririez un autre échantillon de la population mondiale. Selon le critère que vous choisissez, selon que vous privilégiez la couleur de la peau, les groupes sanguins, le rhésus, la taille ou tout autre chose, vous obtiendrez, à chaque fois, des classifications différentes.

La grande image des peuples

Pourtant, on constate quand même qu'il y a des types humains différents. Ils ne le sont donc qu'en apparence ?

Oui, et il ne faut pas se fier aux apparences. Dès 1784, Herder écrivait, en réponse à ceux qui se livraient à des classifications raciales : « Il n'existe ni quatre ni cinq races humaines, les populations s'interpénètrent et forment les ombres d'une grande image qui s'étend sur tous les temps et sur tous les continents. »

Joli ! Et plutôt précurseur !

Oui. En 1924, un anthropologue genevois nommé Eugène Pittard l'énoncera à son tour : la diversité entre les individus d'une même population est immense, elle recouvre les populations voisines dans une même continuité, sans que l'on puisse distinguer des barrières ou des ruptures entre elles. L'idée est maintenant confirmée par toutes les découvertes récentes : il y a une grande variété à l'intérieur des populations elles-mêmes. Pour la peau, par exemple, on trouve une large gamme de colorations différentes à l'intérieur même des populations, surtout à peaux foncées... De proche en proche, si on se promène sur la planète, on observe effectivement une variation continue entre toutes les populations du globe, l'ombre d'une même image...

Et c'est cette continuité, cette gradation, que l'on observe encore aujourd'hui ?

Oui. En dix à trente mille ans, les gènes n'ont pas beaucoup changé. Ce qui a changé, c'est l'aspect physique extérieur, les formes, les dimensions, les couleurs, et surtout les cultures, les religions, les langues.

Une seule langue

Justement, on imagine qu'en migrant, en se séparant du groupe d'origine, les premiers colons commencent à se donner des dialectes à eux, à différencier leur langage. C'est bien ainsi que les langues sont nées ?

Pendant longtemps, on a affirmé, sans la moindre preuve, que la faculté de parler aurait été acquise indépendamment, dans chaque région où les humains se sont installés, ce qui aurait donné naissance à des langues modernes différentes. En Occident, toute recherche de parenté entre grandes familles de langues était, de ce fait, raillée sinon interdite par la communauté scientifique. Aujourd'hui, on pense plutôt qu'il n'y avait qu'une seule langue originelle, qui aurait donné naissance à toutes les autres.

Qu'est-ce qui permet de l'affirmer ?

Nombre d'indices concordent. À la suite de l'Américain Noam Chomsky, les linguistes ont découvert qu'il existait des structures grammaticales communes à toutes les langues. On sait aussi qu'un bébé humain, quelle que soit son origine, dispose d'une aptitude linguistique universelle : à la naissance, il a la possibilité d'apprendre à parler toutes les langues, pouvoir qu'il perd petit à petit en privilégiant les sons de la langue ou des langues qu'il pratique. Nous pouvons donc présumer l'existence, chez tous les êtres humains, d'une capacité commune à produire tous les sons et à construire des phrases. Et puis, les linguistes ont reconstitué des filiations entre les langues actuelles et déterminé des grandes familles entre lesquelles ils ont à nouveau cherché des parentés plus lointaines.

Comment ont-ils fait ?

Ils ont analysé méticuleusement certains mots clés, ceux qui constituent généralement une nécessité vitale : l'eau, je, tu..., en les comparant dans différents groupes de langues. Cela a donné quatre grandes familles de langues africaines (les langues à clics des Khoisan au sud du continent ; les langues niger-kordofaniennes à l'ouest, au centre et au sud de l'Afrique ; les afro-asiatiques dont l'égyptien ancien, le berbère, l'arabe, l'hébreu ; les langues nilo-sahariennes, depuis la boucle du Niger jusqu'à l'Afrique de l'Est). Et sans doute aussi trois grandes familles de langues seulement en Amérique, mais cela est encore discuté. Merrit Ruhlen, un linguiste américain, a découvert également des racines qui seraient partagées par toutes les grandes familles linguistiques du monde. Ce sont des « mots fossiles » en quelque sorte, comme les gènes fossiles ou comme les os fossiles. Tout cela semble concorder pour avancer qu'il y aurait eu autrefois une seule langue mère ancestrale pour les cinq mille langues actuelles réparties en douze familles, sans doute entre −50 000 et −20 000 ans.

Les gènes ont la parole

Et cela concorde aussi parfaitement avec l'idée qu'il y a eu un seul petit groupe fondateur de toute l'espèce humaine qui a commencé à se diviser et à migrer vers cette même époque, comme vous l'avez dit précédemment.

Exactement. Un chercheur américain, Luca Cavalli Sforza, a eu l'initiative qui semblait alors un peu bizarre de comparer la diversité des langues et celle des gènes sur différents continents. Mon équipe l'a fait aussi pour les populations africaines. Et on a eu la surprise de découvrir qu'il y a une relation très étroite entre les deux. Quand deux populations sont génétiquement proches, elles le sont aussi dans leurs langues : plus leurs répartitions de gènes se ressemblent, et plus leur vocabulaire de base se ressemble.

Comment l'explique-t-on ?

On sait bien que ce ne sont pas les gènes qui déterminent la langue que l'on parle. Un bébé, quelle que soit son origine, apprend celle dans laquelle il est élevé. S'il y a un tel parallélisme entre langues et gènes, c'est sans doute parce que, entre −30 000 et −3 000 ans, les humains ont repeuplé le continent africain en quatre vagues qui correspondraient ainsi aux quatre grandes familles de langues. Ces groupes n'ayant pas eu beaucoup d'interactions les uns avec les autres, leurs langues auraient alors rapidement divergé, tandis que les fréquences de leurs gènes changeaient parallèlement.

En combien de temps ?

Cela va très vite pour les langues. Songez que le français du Moyen Âge se parlait il y a un millénaire, et que nous ne le comprendrions pas aujourd'hui. Que le français et l'italien ont divergé en moins de deux millénaires... Les langues changent beaucoup plus rapidement que la fréquence des gènes. Deux ou trois siècles suffisent pour que naissent des dialectes, puis des langues nouvelles. Mais il faut des dizaines de milliers d'années pour que l'évolution des gènes crée des différences appréciables entre populations. Les échelles de temps ne sont pas les mêmes.

Le grand méli-mélo

Nous arrivons à l'époque récente, celle de la grande révolution néolithique dont nous parlerons avec Jean Guilaine. Une fois les peuples séparés, installés, singularisés par leurs patrimoines génétiques et leurs langues, on suppose que le mouvement s'inverse. Ils recommencent à nouer des échanges entre eux.

Tout à fait. Cela s'accélère à partir de −10 000 ans, au néolithique. Les effectifs devenant plus nombreux, les humains des cinq continents entrent en contact les uns avec les autres et nouent des échanges de plus en plus fréquents. Plus les populations sont proches, plus elles communiquent, se mélangent, et plus elles vont se ressembler. Au contraire, plus elles sont lointaines, plus elles vont rester génétiquement différentes les unes des autres. C'est ainsi que se met en place un réseau de migration à l'échelle de la planète, qui est à l'origine de l'actuelle répartition des gènes dans la population humaine.

Encore une fois, comment le sait-on ?

On l'a maintenant bien établi : il y a une relation entre les différences que nous observons dans le patrimoine génétique des diverses populations de la planète et la distance géographique qui les séparent. Surtout si l'on considère celle-ci, non pas simplement à vol d'oiseau, mais en tenant compte de la forme des continents, des lieux de passage obligés, des montagnes et des bras de mer tels qu'ils étaient au cours de la préhistoire. L'histoire des humains modernes s'est construite à partir d'une seule souche comme on l'a dit, avec des diversifications locales périphériques. On ne doit pas la voir comme une suite de séparations de populations, mais au contraire comme un échange, un mélange permanent.

Un méli-mélo qui a donné la diversité humaine telle que nous la connaissons aujourd'hui ?

Oui. Certains pensent que des réseaux de migration existaient depuis plus longtemps, peut-être depuis 500 000 ans. C'est une hypothèse très acrobatique, compte tenu de la faiblesse des effectifs humains à cette époque. D'autres estiment qu'il y a eu, au paléolithique, des races, ou tout au moins, des types très distincts les uns des autres. C'est aussi une opinion minoritaire. Si cela était vrai, le néolithique a, de toute façon, gommé cela : ce fut un vrai bulldozer, un grand brassage génétique... Tout a été mélangé de proche en proche. Et c'est effectivement ce mélange qui a donné notre diversité génétique actuelle.

Tous parents, tous différents

Les événements que vous venez de décrire ont fondé l'identité biologique et physique de l'homme. Nous sommes donc à la fois les résultats de la grande diversification opérée par nos ancêtres du paléolithique, mais aussi du mélange qui a suivi. Nous n'avons pas changé depuis ?

D'une manière générale, les populations humaines actuelles se ressemblent génétiquement les unes les autres, alors qu'elles montrent une grande diversité dans leur aspect physique. En fait, la « carrosserie » du corps, son aspect extérieur – couleur, forme, dimension –, tout ce qui est en contact direct avec l'environnement, tout cela est très instable et a rapidement évolué après les premières migrations. En revanche, le « moteur », tout ce qui est intérieur, ne change pas : les 211 os qui constituent le squelette humain n'ont guère été changés depuis les premiers ancêtres primates ; même si la présence de tel ou tel gène diffère un peu selon les peuples, le matériel génétique de tous les êtres humains actuels est toujours composé à partir du même stock ancestral commun à notre espèce. Ce patrimoine commun nous vient des 5 000 ou 10 000 « reproducteurs » de la préhistoire. Il a été amplifié au fil des temps jusqu'à 6 milliards d'exemplaires aujourd'hui, mais c'est le même ! D'ailleurs, si on rassemble tous les gènes humains actuels, on aboutit à un patrimoine génétique semblable à celui que l'on trouve en Afrique de l'Est, au Proche-Orient et dans la péninsule indienne.

Ce qui confirme la thèse sur nos origines soutenue par la science aujourd'hui : un seul lieu pour les origines de l'homme, une seule population d'ancêtres, une seule langue mère... Si on veut tirer une leçon de ce premier acte, elle pourrait être celle-ci : ce qui distingue les populations humaines, ce ne serait donc que leur apparence, et seulement leur apparence. Lorsqu'on considère l'intérieur des êtres humains, le plus intime de leurs cellules, ces populations sont plutôt semblables.

Exactement. Certaines personnes croient toujours à la possibilité de découper l'humanité en races bien distinctes. C'est impossible. Tous les classements que l'on pourra inventer sont forcément arbitraires. Dire qu'on ne peut pas classer les humains ne signifie pas qu'il n'y a pas de différences entre eux. Au contraire : la diversité des humains est immense, extrême. Elle est stupéfiante. Nous formons tous une seule espèce, nous avons tous le même répertoire de gènes, nous sommes tous issus des mêmes ancêtres, nous parlons tous des langues différentes dérivées d'une même langue. Et, en tant qu'individus, chacun de nous est unique. En réalité, l'espèce humaine n'est composée que de cas particuliers. Tout le monde est différent de tout le monde. Depuis nos premiers ancêtres, 80 milliards d'êtres humains se sont succédé sur la Terre. Pourtant, il n'y a jamais eu quelqu'un comme vous ou moi dans toute l'histoire de l'homme. Nous sommes donc tous différents. Et tous parents...

ACTE 2

La conquête de l'imaginaire

SCÈNE 1

L'enfance de l'art

Un trait de couleur à peine suggéré, le corps d'un animal gravé dans la pierre... L'homme accomplit des gestes inédits, comme pour témoigner de son propre mystère.

L'esquisse de l'esthétique

Voilà nos ancêtres installés en petites colonies sur la planète, qui commencent à se diversifier, à singulariser leur langue... Et, une fois encore, ils vont s'éloigner du monde animal en accomplissant des actes nouveaux : un premier dessin, une gravure... À cette époque, l'art, ou tout au moins le sens artistique, est déjà le propre de l'homme ?

Jean Clottes : Oui. Il y a 35 000 ans, les humains, les *Homo sapiens,* possèdent le même système nerveux que nous, les mêmes facultés de synthèse et d'abstraction, et ils ne sont pas plus primitifs que nous. Ils font partie de la même humanité. Certes, ils ont une façon de concevoir le monde sans doute différente de la nôtre, mais pas nécessairement inférieure. En tout cas, chaque fois que leur présence est attestée, nous découvrons la trace d'une création artistique.

On peut considérer que la naissance de l'art trouve sa place dans une évolution continue vers la complexité, celle qui unit l'univers, la vie, et se poursuit avec l'homme à travers le développement de sa culture, son intelligence, sa perception... Avons-nous connu un Big Bang de l'art ?

Pas un Big Bang, puisqu'on ne peut pas repérer un début, ou tout au moins un seuil. En fait, il faudrait aller chercher les racines à des époques plus reculées, avant même la colonisation de la planète par l'*Homo sapiens* que vient de raconter André Langaney.

Jusqu'où faudrait-il remonter ?

On ne peut pas dater le premier geste, ni le situer dans un lieu précis. En réalité, ce n'est pas un événement, mais une très longue chaîne d'actes infimes, qui se perdent dans la nuit des temps. Prendre un bâton pour faire tomber la noix de coco ou le régime de bananes, comme peut le faire un chimpanzé, ce n'est pas de l'art. Mais façonner un biface – un caillou tranchant, taillé sur les deux faces – en recherchant la symétrie, marquer des stries régulières sur un bout d'os, collectionner des coquillages ou des morceaux de cristaux différents des autres – par curiosité ? par un souci esthétique naissant ? – oui, voilà le début du sentiment artistique.

Parce que cela nécessite de faire appel à l'imagination ?

En effet, cela implique forcément des capacités imaginatives, peut-être modestes, mais spécifiquement humaines, qui nous distinguent fondamentalement de l'animal. Je pense que l'art existe dès que l'homme transforme la réalité à travers l'image mentale qu'il s'en fait. Plus on s'interroge, dans cet esprit, sur la naissance du sens artistique, plus on découvre que celle-ci est ancienne. On trouve ainsi trace d'actions « non utilitaires » dans un passé de plus en plus reculé, jusqu'à deux ou trois cent mille ans.

Six cristaux mystérieux

Deux cent ou trois cent mille ans ! Si tôt ?

Oui, peut-être encore davantage. En Israël, dans une couche de sédiments dont la date est supérieure à 235 000 ans, on a mis au jour une pierre dont la forme naturelle ressemble à une silhouette féminine, qui comporte de petits traits accentuant la tête. Faut-il y voir une intervention humaine ? À Bilzingsleben, près de Halle en Thuringe, sur un site occupé probablement par des *Homo erectus* entre −220 000 et −350 000 ans, on a retrouvé un fragment de côte et celui d'un os long d'éléphant gravés de traits et d'incisions en séries.

Peut-être s'agissait-il de l'amorce des mathématiques ?

Franchement, quand nous considérons des stries vieilles de 230 000 ans, il ne faut pas trop laisser courir notre imagination. Il est plus probable que ces traits aient été réalisés de manière machinale, par hasard, sans intention de noter quoi que ce soit. Pour cela, il faudra attendre l'*Homo sapiens* qui, lui, sera très vite capable de compter.

Quelles autres traces précoces a-t-on trouvé ?

À Singi Talat, au Rajasthan (Inde), sur un site daté de 150 000 à 200 000 ans, on a dégagé six cristaux d'une roche qu'on ne trouve pas dans cette région et qui ont donc été importés, comme pour constituer une petite collection. Sur d'autres chantiers archéologiques, on a découvert que nos ancêtres utilisaient déjà l'ocre il y a plusieurs centaines de milliers d'années...

Comment savoir s'ils en faisaient un usage artistique ? Ils pouvaient très bien utiliser l'ocre pour tanner des peaux, les empêcher de pourrir ?

Certes, mais ceux qui procédaient au tannage ont forcément remarqué que leurs mains étaient rouges et que, s'ils se touchaient le bras ou le visage, ils y laissaient des traces colorées. S'en sont-ils servis pour faire des peintures corporelles ? C'est probable. On n'en aura jamais la preuve.

Quelques traits sur un bout d'os, une petite collection de pierres, des traces de couleur... C'est peu quand même pour parler d'art...

Alors disons plutôt « préart ». On ne peut pas savoir si ces actes-là relevaient d'une intention symbolique. Mais quand on rassemble des coquillages ou des cailloux parce qu'ils sont semblables, on recherche bien une certaine harmonie. Quand on ramasse une pierre différente des autres, on est bien séduit par son originalité... On peut légitimement y voir le début d'une transformation du monde à travers la personne humaine. Lorsque l'animal marche sur du minerai d'or, il fait attention à ne pas se faire mal aux pattes, c'est tout. Tandis que le petit d'*Homo erectus* qui ramasse cet éclat de minerai fait preuve de tout autre chose. Sa curiosité est piquée, il porte un certain regard sur ce qui l'entoure, et détecte tout à coup quelque chose qui ne lui paraît pas « normal ». Oui, j'y vois un embryon de sens artistique. Mais le passage à la véritable création n'a été pour moi réalisé que par notre ancêtre direct, l'homme moderne.

Déjà, des maîtres !

Il y a 35 000 ans, donc, l'homme moderne, lui, passe à des techniques bien plus sophistiquées. Il peint, il grave, il sculpte. Voilà l'art, le vrai. Qu'est-ce qui a pu susciter le premier dessin, la première gravure ?

Les empreintes animales ont dû jouer un rôle prépondérant dans la genèse de l'art. Les chasseurs du paléolithique savent parfaitement reconnaître les traces du gibier et des fauves dangereux. Apprendre aux jeunes garçons le sens de ces marques constitue à l'évidence l'une des étapes majeures de leur éducation. Dessiner, pour mieux se faire comprendre, l'animal dont on relève l'empreinte sur le sol, c'est l'une des voies possibles dans l'invention de l'art. Il y en eut sans doute bien d'autres. Pendant longtemps, on a cru qu'il avait fallu des millénaires de gestation pour que ces hommes passent d'ébauches frustes aux représentations les plus sophistiquées. Cette idée est battue en brèche par les récentes découvertes.

Vous voulez dire que les œuvres anciennes portent dejà la marque d'une certaine maîtrise artistique ?

Bien sûr. Une série de statuettes en ivoire de mammouth représentant des humains et, plus souvent, des animaux, ont été mises au jour dans le Jura souabe. Malgré leur date reculée (−35 à 30 000 ans), certaines d'entre elles sont de petits chefs-d'œuvre où naturalisme et stylisation se conjuguent subtilement. À partir du moment où le concept artistique existe, il suffit de quelques individus doués pour arriver très vite à d'excellentes réalisations.

Des œuvres éphémères

On imagine que la plupart des œuvres de ces premiers petits maîtres n'ont pas survécu.

C'est juste. Nous n'en connaissons que ce qui est conservé, c'est-à-dire une toute petite partie des créations artistiques de cette époque : les objets en pierre, en ivoire, en os ; les dessins et gravures sur les parois... Mais tout le reste, les objets en bois, en peau, en argile souple, a disparu. Comme les chants, les danses, le récit des mythes... L'essentiel de notre première culture est perdu à jamais.

Celle-ci était-elle vraiment aussi riche que vous semblez la décrire ?

Pensez à certaines tribus amazoniennes d'aujourd'hui, dont le seul art consiste en peintures corporelles... Ou aux Indiens navajos, qui peignent sur le sable... Si les hommes de la lointaine préhistoire avaient exprimé ainsi leur sensibilité et leurs croyances, nous pourrions en conclure qu'ils ne connaissaient pas l'art, et nous aurions tort. Tout ce que nous pouvons dire, c'est qu'à partir de 35 000 ans, au moins, les humains commencent à utiliser des matériaux imputrescibles.

Des milliers de gravures

Peut-on alors parler d'une véritable explosion artistique à cette époque ?

Oui. Mais la période couverte par l'art paléolithique est immense. Elle s'étend de −38 000 ans, pendant la période glaciaire, quand l'homme moderne s'installe en Europe, jusqu'à −10 000 ans à l'aube du néolithique. Pendant tout ce laps de temps, l'art se manifeste par les peintures et les gravures rupestres, les statuettes, les sculptures, qui représentent souvent des animaux, rarement des humains. Et on ne cesse de retrouver des traces qui prouvent à quel point l'activité créatrice de nos ancêtres était florissante et pas seulement en Europe, comme on le dit trop souvent.

Où encore ?

Partout ! En Afrique, ont été découvertes des plaquettes peintes de 27 000 ans, et on avance, pour certaines gravures australiennes, des âges de 40 000 ans ! Je pense qu'en Chine, en Inde, pays que les archéologues ont insuffisamment explorés, on découvrira aussi un jour des formes d'art extrêmement anciennes. À l'évidence, les débuts de la création artistique ne sont pas le fruit d'une culture ou d'une ethnie particulière mais sont bien ancrés dans la nature même de l'*Homo sapiens,* de tous les *Homo sapiens.*

Un moyen d'expression universel, présent sur tous les continents ?

Oui, depuis la préhistoire et jusqu'à la période contemporaine. Il s'agit surtout d'un art extérieur, en pleine lumière, sur des rocs ou des parois de montagne. Récemment, les Portugais ont ainsi découvert des milliers de gravures sur les petites falaises de Foz-Côa, sur les pentes qui dominent un affluent du Douro. Et là encore, pour quelques dessins retrouvés, on peut imaginer des dizaines de milliers de disparus. Ce qui nous est parvenu à travers les temps, ce sont les fresques particulièrement protégées, notamment celles des grottes.

Papa, des taureaux !

Parlons-en, de ces grottes. Depuis Lascaux, la plus belle, la plus célèbre, découverte en 1940, on pensait qu'on ne retrouverait jamais rien d'aussi beau. Et puis, dans les dernières années du siècle, voilà la grotte sous-marine Cosquer endormie sous les calanques de Cassis, avec son superbe bestiaire peint entre −25 000 et −17 000 ans. Et encore la grotte Chauvet en

Ardèche, qui se révèle, avec ses 31 000 ans, la plus vieille des grottes ornées. On croyait que la planète avait été fouillée dans ses moindres recoins, que toutes les cavités avaient été explorées. Et on ne cesse d'exhumer de nouvelles merveilles. À quoi doit-on ce feu d'artifice ?

Il faut imaginer la préhistoire comme une longue chaîne, dont, de temps en temps, nous trouvons un maillon. Il suffit parfois d'un nouveau regard pour amener des découvertes. Si nous les trouvons aujourd'hui, c'est parce que nous les cherchons ! Pensez à la grotte d'Altamira, en 1879. À cette époque, on venait juste d'admettre l'existence d'un art préhistorique mobilier – mammouths, rennes gravés sur des os et prisonniers des couches archéologiques. Un jour, un Espagnol nommé Marcelino Sanz de Sautuola fouillait près de chez lui, à Altamira, et sa petite fille, qui jouait à l'entrée de la grotte, s'est écrié en regardant au plafond : « *Padre, hay toros !* » (« Papa, des taureaux ! »). Sautuola les a étudiés, il a reconnu des bisons, et non des taureaux. Il a eu le génie, et le courage, de dire : c'est préhistorique !

À la fin du XIX*e siècle, personne ne croyait que les hommes préhistoriques étaient capables d'un tel esprit créateur.*

Non. À tel point que la plupart des grands pontes de l'époque ont pris peur et ont prétendu qu'il s'agissait d'un faux. Ils imaginaient les humains de la préhistoire comme des êtres très frustes et ne pouvaient leur attribuer des représentations aussi belles. Cela ne correspondait pas aux idées du temps. On a pu alors passer à côté de trésors sans les repérer. En fait, on ne découvre que ce que l'on connaît. Il faut d'abord que le concept existe. Par exemple, il y a quelques années, la grotte de Domme, dans le sud de la Dordogne, servait de lieu d'entraînement pour des spéléologues. Un jour, quelqu'un a éclairé le plafond sous un angle particulier : il a dévoilé un mammouth sculpté d'un mètre de large ! Des milliers de gens étaient passés dessous sans le remarquer. Ils étaient prêts à trouver des gravures, mais non des sculptures !

Un autre regard

C'est le regard qui a aujourd'hui changé et permet ces découvertes ?

Oui. Notre regard. Et nos méthodes. Mais les préjugés sont toujours vivaces. Quand on a découvert la grotte sous-marine Cosquer et ses animaux originaux, d'éminents collègues ont contesté son authenticité. A-t-on ironisé sur notre pingouin provençal ! « Une grotte sous-marine ? Avec des représentations de phoques et de pingouins ? Vous n'êtes pas sérieux ! » La découverte de Lascaux, en son temps, avait suscité le même scepticisme. Mais nous avons pu établir que la grotte Cosquer avait été visitée à deux époques, très éloignées l'une de l'autre, vers −25 000 et −17 000 ans. Et son bestiaire marin correspond à ce que nous savons de la dernière ère glaciaire. Quant à la grotte Chauvet, on a contesté sa datation. On n'imaginait pas des peintures aussi élaborées à une époque aussi reculée, autour de −29 000 ans. Mais nous avons obtenu quatre dates concordantes, sur des animaux différents.

Faire parler les brindilles

Justement, toutes ces dates, jusqu'à quel point sont-elles fiables ? Comment pouvez-vous être aussi catégorique sur des époques aussi lointaines ?

Il y a bien sûr les bonnes vieilles méthodes, celle du radiocarbone qui permet d'étudier les restes animaux ou végétaux. Le carbone radioactif de tout organisme vivant se désintègre à une vitesse constante, que nous connaissons : en 5 568 ans, il perd la moitié de sa masse. Nous calculons cette perte, et nous mesurons ainsi le temps passé. Évidemment, plus c'est vieux, moins il reste de carbone radioactif, et moins les dates sont sûres. Pour les grottes, toutes les disciplines scientifiques viennent à la rescousse. Et tout nous parle.

Par exemple ?

Des restes de feu, une brindille qui a servi de pinceau. On note le moindre trait, le moindre point. On examine l'état des parois, afin de déterminer si un élément n'a pas été effacé, érodé. Une tête de bison manque ? Nous faisons appel aux spécialistes de la climatologie souterraine pour tenir compte de l'érosion et, pour détecter un bout de ligne invisible, on prend des photos aux infrarouges ou à la lumière ultraviolette... Jusqu'aux pigments eux-mêmes qui sont soigneusement analysés : aujourd'hui, pour effectuer une analyse, il suffit de prélever un échantillon plus petit qu'une tête d'épingle, sur une peinture, sans la détériorer. Une datation ne nécessite plus qu'un milligramme de charbon de bois. Nous l'établissons en utilisant les accélérateurs de particules des physiciens qui donnent des dates très précises. Il y a vingt-cinq ans, nous avions besoin de 5 000 fois plus de matière ! Peut-être que dans le futur on pourra retrouver de l'ADN fossile, comme l'évoquait André Langaney.

Mais en quoi cela concerne-t-il les grottes ?

En supposant qu'un artiste ait craché de la salive sur sa peinture, il aurait déposé ainsi un peu de ses cellules. Si on pouvait le détecter, ce serait fabuleux...

Mise en perspective

On peut toujours rêver... Il y a 31 000 ans, nos ancêtres se doutent-ils qu'ils œuvrent pour l'éternité ?

Rien ne permet d'affirmer qu'ils le font de manière délibérée. Si la gravure semble le procédé le plus répandu, c'est peut-être uniquement parce qu'elle se conserve mieux. En tirant parti des qualités variables des roches, les humains aboutissent en tout cas à une gamme infinie de réalisations : gravures fines, raclages, piquetages, gravures plus profondes, ou même gravures au doigt sur des surfaces couvertes d'un revêtement mou, à la manière des gosses qui dessinent sur les vitres sales d'une voiture. Dans les grottes, nous avons trouvé des parois et des voûtes entièrement couvertes de tracés digitaux. Les gravures fines sont plus difficiles à repérer. Le graveur les réalisait avec une pointe dure, souvent un silex. Il enlevait alors une pellicule superficielle de la roche et obtenait un effet de blanc. Mais après quelques centaines, quelques milliers d'années, la gravure se patine, et prend la même couleur que la roche avoisinante. Pour la faire réapparaître, nous devons utiliser une lumière frisante, qui crée un effet de relief.

Ce sont malgré tout les peintures qui sont les plus impressionnantes. Quand on a le privilège de pénétrer dans la grotte de Lascaux, on est bouleversé par leur étonnante fraîcheur et subjugué par leur beauté. Les fresques peintes il y a 17 000 ans resplendissent encore de tous leurs ornements, les peintures éclatent dans des ocres flamboyantes.

Lorsque les œuvres sont bien préservées, comme désormais à Lascaux interdite au public ou à Cosquer, enfouie sous les mers, les peintures sont certainement les plus spectaculaires. Elles attestent d'une maturité artistique étonnante. D'emblée, il y a 30 ou 35 000 ans, nos ancêtres connaissaient toutes les techniques. Ils se servent des contours naturels des parois pour modeler des reliefs supplémentaires. Ils savent traduire la troisième dimension en deux dimensions. On le voit bien à Chauvet. À Lascaux, quelques millénaires plus tard, ils bâtissent des échafaudages pour atteindre les plafonds – les trous d'implantation sont encore visibles.

Ils ont donc inventé la perspective ?

Tout à fait. La technique est très reconnaissable, et elle ne doit rien au hasard.

Et déjà, la peinture à l'huile !

Comment fabriquent-ils leurs pigments ? Les jaunes, les noirs et les rouges dominent...

Ils ramassent des cailloux, tout simplement. Du bioxyde de fer mêlé à de l'argile pour les ocres ; du bioxyde de manganèse ou du charbon pour les noirs ; et des oxydes de fer pour les rouges. Ils dessinent avec ces cailloux comme avec des crayons. Aujourd'hui, ces dessins nous semblent très difficiles à distinguer des peintures, il faut se livrer à un examen approfondi pour y parvenir.

Et les peintures, comment les appliquent-ils ?

À Lascaux, des animaux ont été réalisés en soufflant, par la bouche, ou peut-être à travers un os creux. C'est la technique du pochoir. On obtient ainsi une espèce de voile, qui permet des modelés très intéressants. Les peintures peuvent aussi être appliquées au doigt ou au pinceau en crins de cheval ou d'autres animaux. Ces outils ont bien sûr disparu, mais on en repère très bien l'usage en étudiant le trait au microscope. Et nous avons relevé des traces de pigment sur des cailloux ou sur des parois, qui devaient servir de palettes.

L'attirail du peintre au complet... Mais comment, à partir de cailloux, obtiennent-ils une couleur applicable au pinceau ?

Ils écrasent le pigment, puis ils ajoutent un liant. De quel liquide se servent-ils ? On a pensé à l'eau – dont il ne resterait évidemment rien –, à l'urine, au blanc d'œuf, au sang, souvent employé chez les aborigènes d'Australie. Jusqu'à présent, nous n'avons jamais trouvé ce type de liant dans les grottes européennes. En revanche, grâce à des analyses très complexes effectuées dans les grottes pyrénéennes de Fontanet et des Trois-Frères, nous savons que, vers – 12 000 ans, certains artistes utilisent un liant à base de graisse végétale ou animale.

Déjà la peinture à l'huile !

Absolument. Tout comme les peintres modernes, les hommes du paléolithique essaient différentes recettes pour parfaire leurs réalisations. Ainsi, ils ajoutent à leurs couleurs ce que les artistes appellent la « charge » : un matériau inerte, qui permet d'économiser le pigment et d'obtenir une peinture plus unie, qui ne se craquelle pas. La charge a été mise en évidence dans certaines grottes des Pyrénées. Elle pouvait représenter jusqu'à 30 % de la peinture, et provenait d'un minerai que l'on trouve dans la région.

Les peintres du paléolithique auraient donc presque tout inventé !

Aujourd'hui, je n'imagine plus du tout une progression constante de ces techniques. L'histoire de l'art, qui commence à ce moment-là, avec une telle perfection, n'a sans doute jamais été linéaire. Très certainement, certaines d'entre elles ont été inventées, oubliées, réinventées ailleurs. Et les artistes qui suivront pendant des millénaires ne se sont jamais doutés qu'ils ne faisaient souvent que retrouver les secrets de leurs ancêtres.

SCÈNE 2

Dans le monde des esprits

Des chevaux fabuleux, des bisons énigmatiques, des personnages lardés de traits... Ils peignent, ils sculptent, ils gravent et nous offrent en héritage les cavernes de beauté.

Ombres et lumières

Nos ancêtres sont entrés dans les grottes pour s'y adonner à leur art mystérieux. Nous allons les suivre un moment. Mais ces premières œuvres se méritent. Il faut parfois parcourir un bon kilomètre de galeries, traverser des dédales accidentés, comme pour accéder à ce que l'on appelle le « Salon noir » dans la grotte de Niaux en Ariège, avant d'animer, avec le faisceau de la torche, bisons et chevaux du passé. Les hommes de la préhistoire se sont-ils d'abord cantonnés aux abris sous roche, avant de s'enhardir, peu à peu, jusqu'à de tels gouffres souterrains ?

Non, il n'y a pas eu lente progression vers les profondeurs, mais coexistence de l'art de la lumière et de l'art des ténèbres. Dans les périodes anciennes, entre −33 000 ans et −18 000 ans, les sites ornés se répartissent assez également entre ces deux tendances. Dans les périodes plus récentes, l'art des ténèbres domine. Certes, l'art du rocher est universel, mais, comme le soulignait le grand préhistorien André Leroi-Gourhan, celui des grottes profondes est un événement exceptionnel dans l'histoire de l'humanité. Il a existé presque exclusivement au paléolithique, en Europe. Nous en avons de très rares exemples en Amérique centrale, en Australie et aux États-Unis. Aucun en Afrique. C'est un choix culturel, qui dénote un état d'esprit tout à fait particulier.

En quoi est-il si particulier ?

Pendant toute cette longue période, de −35 000 ans à −10 000 ans, on relève une unité extraordinaire des techniques et des représentations. 25 000 ans d'une même tradition artistique ! Nous ne connaissons que quelque 350 grottes et abris ornés en Europe, ce qui n'est pas grand-chose. Mais on y retrouve les mêmes styles, les mêmes types de peinture, de l'Oural jusqu'à l'Andalousie. Des dessins similaires à plusieurs centaines et même plusieurs milliers de kilomètres les uns des autres. Bien sûr, l'art des grottes présente une certaine diversité, mais son unité demeure fondamentale, incontestable. À tel point que, si je vous montre une représentation d'une fresque de la grotte de Chauvet il y a 30 000 ans ou des cavernes de Niaux il y a 13 000 ans, vous ferez difficilement la différence, mais vous reconnaîtrez immédiatement qu'il s'agit d'art préhistorique.

Portrait de l'artiste

Réalisé par de vrais artistes... Qui sont-ils exactement ?

Ce sont les chasseurs-cueilleurs dont a parlé André Langaney. Ils pêchent des saumons et des truites dans les rivières, et surtout chassent la grande faune – chevaux, bisons, rennes – mais aussi les bouquetins, parfois les aurochs. Leurs femmes cueillent des fruits sauvages, des racines et des champignons, qui représentent l'essentiel de leur alimentation... Et ils se comportent en semi-nomades, exploitant un site pendant plusieurs mois, puis partant s'installer ailleurs, sur le lieu de passage des rennes en migration par exemple. N'oublions pas qu'à l'époque il fait encore très froid : c'est la dernière glaciation, le Midi de la France ressemble à peu près à la Suède d'aujourd'hui.

Ils vivent toujours en êtres sauvages, très proches de la nature et des animaux.

Oui, si l'on veut. Mais ils cultivent sans doute des dons, des possibilités que nous n'avons plus. Suivez des Africains dans la brousse ou le long d'une piste. Nous, nous ne voyons rien, quelques vagues traces dans le sable, c'est tout. Mais eux, ils vous expliquent qu'une gazelle est passée par là, il y a une heure et demie, qu'elle pesait tant de kilos, qu'elle boitait de la jambe gauche... Et ils ne se trompent pas ! Nos ancêtres chasseurs-collecteurs devaient avoir eux aussi cette capacité d'observation.

Ils vivent en bandes ?

Vraisemblablement, des bandes d'une vingtaine de personnes. Une famille composée des parents et de plusieurs enfants ne peut subsister si un accident arrive à l'un des adultes, et, à l'inverse, une communauté d'une centaine de personnes devient vite impossible à nourrir chaque jour... En petits groupes, ils peuvent se répartir les tâches : cueillir, chasser, dépecer les animaux, préparer les aliments, fabriquer des vêtements et des outils. Leur société est assez égalitaire.

Et ils communiquent d'un groupe à l'autre, ils se transmettent leurs techniques ?

Les comparaisons ethnologiques nous le suggèrent, les communautés qui vivent séparément, à quelques dizaines de kilomètres les unes des autres, organisent des rassemblements saisonniers. À ces occasions, des liens se tissent, des unions se nouent entre hommes et femmes, on échange de la nourriture, des objets... Sur le site du Mas d'Azil, nous avons trouvé des coquillages provenant de l'Atlantique, à 300 kilomètres de là. Donc, nos ancêtres voyagent, se rencontrent et confrontent leurs techniques, leurs idées, leurs mythes et leur art.

Ni danseurs, ni étoiles

Entrons donc, sur leurs traces, dans le secret des grottes, au plus loin, au plus profond, au plus obscur, là où ils ont laissé leurs peintures et leurs gravures. La lampe s'éclaire et les voilà qui s'animent soudain sous la faible lumière : les immenses aurochs, vaches et taureaux, les chevaux à la noire crinière, les cerfs délicats, les bisons massifs... Ce sont les mêmes fabuleux bestiaires que l'on contemple à Lascaux et dans toutes les autres grottes.

Ce sont en effet les images des animaux, en majorité des herbivores de grande taille, qui marquent notre mémoire. On trouve également dans les grottes de nombreux signes mystérieux, et quelques esquisses d'humains. Mais il faut d'abord noter ce qu'on ne trouve pas dans ces fresques souterraines.

C'est-à-dire ?

Les artistes ne représentent jamais le soleil, la lune, les nuages, les étoiles. La flore, elle aussi, est ignorée : ni arbres ni plantes. Pas de paysages non plus. Jamais de huttes, ou de maisons. On ne trouve pas davantage de scènes représentant des groupes de personnes en train de danser, de chanter, de cuire des aliments. Le quotidien est absent. En s'enfonçant dans les ténèbres, nos ancêtres n'ont visiblement pas pour but de décrire leur environnement familier. En tout cas, ils ne l'expriment pas dans les cavernes. À l'évidence, cet art-là ne relève pas de la description.

Des animaux...

Pourtant, ils reproduisent les animaux de leur région.

Certes, le choix des sujets change, au moins partiellement, d'un site à l'autre, parfois inspiré par l'environnement : quelques représentations de la faune marine à Cosquer par exemple. Mais il y a également, à Chauvet, une majorité d'animaux rares et dangereux – rhinocéros, félins, mammouths et ours... Ce n'est donc jamais un panorama de la faune existante, mais plutôt un bestiaire, une sélection d'animaux. Le renard et le loup, les lapins et les lièvres, dont on retrouve pourtant les restes dans les couches archéologiques, sont très rarement représentés. De même pour les oiseaux, les poissons, les serpents, les loutres, gloutons, belettes, fouines. Pas le moindre insecte, non plus. Par contre, les chevaux, les bisons, les bouquetins abondent. Cela correspond bien à des choix très nets.

En tout cas, ces animaux semblent, à tant de millénaires de distance, extraordinairement vivants, prêts à bondir d'une paroi à l'autre. Comment les artistes atteignent-ils un tel réalisme ?

Ils ne représentent pas des stéréotypes de chevaux, de bisons ou de mammouths, mais des individus précis, dont il est souvent possible de reconnaître l'âge, le sexe et l'attitude. En observant les détails, on peut dire, par exemple, s'il s'agit d'un bison mâle, âgé, grattant le sol parce qu'il n'est pas content.

Comment pouvez-vous être si précis ?

L'archéologie n'est pas réservée aux seuls archéologues. Nous faisons appel à d'autres experts, à des artistes... Un spécialiste du comportement animal, qui a étudié de près le bison d'Europe en semi-liberté, m'a par exemple appris à distinguer ces animaux selon leur âge et leur sexe, à repérer les peintures où ils sont volontairement représentés vus de haut, tout droits, les pattes raides. Nous pensions jusque-là qu'ils étaient dessinés de profil. Il s'agit en réalité de bisons morts, dans une raideur caractéristique que l'on observe juste après l'abattage. Il y a sûrement une multitude d'autres codes que nous n'avons pas encore déchiffrés.

Des hommes...

Et les humains, pourquoi sont-ils si rares ?

Nous en avons dénombré une centaine sur l'ensemble des grottes, ce qui est très peu en comparaison des figures animales. Nous ne connaissons guère plus d'une vingtaine d'humains entiers. Peut-être nos ancêtres se sentaient-ils très isolés dans un monde animal pléthorique. Ils devaient se percevoir comme des animaux, des animaux « autres ».

Ces quelques humains dessinés dans les grottes apparaissent surtout en silhouette, à peine esquissés...

Ils n'ont effectivement pas du tout le réalisme des figures animales. La plupart du temps, on ne peut même pas distinguer s'il s'agit d'hommes ou de femmes, tant ils sont vagues, sommaires, caricaturaux. Ils sont volontairement flous, peu détaillés. Les artistes ne veulent pas représenter des gens que l'on pourrait reconnaître. Cela ne peut être que délibéré, puisqu'ils savent très bien dessiner les animaux. Sans doute à cause du pouvoir attribué à l'image, qui, dans beaucoup de civilisations, est équivalente à la réalité.

Sur ces peintures et ces gravures, on trouve peu de scènes d'agression contre des humains...

Nous n'en connaissons que trois exemples : à Pech-Merle, Cougnac, et Cosquer. Des humains y apparaissent, lardés de traits. Qui les a tués ? Sont-ils vraiment humains, ou plutôt esprits ? Les dessins sont gauches, volontairement symboliques. Longtemps, les lignes qui traversent les corps ont été interprétées comme l'expression de forces vitales. Par contre, « l'Homme tué » de Cosquer ne permet pas l'ambiguïté. C'est bien une arme qui l'abat. Peut-être, nous trouvons-nous devant un thème comparable à celui de la crucifixion ? Ou devant un signe magique de destruction par envoûtement ? Une chose est sûre : l'idée de meurtre ou d'exécution est bien présente. L'hypothèse selon laquelle la violence délibérée, inconnue chez les nomades, ne serait apparue qu'au néolithique, avec la propriété, est à revoir.

Et la guerre ?

Elle n'existe pas au sens où nous l'entendons aujourd'hui : des groupes humains se battant jusqu'à l'extermination de l'un d'entre eux. N'oublions pas que le monde préhistorique est presque vide. Les groupes d'humains vivent isolés, dans des écosystèmes différents, ils ne connaissent pas la propriété du terrain. Des guerres organisées auraient laissé des traces, et nous n'en avons pas. Mais des escarmouches, des crimes, pourquoi pas ? C'est la nature humaine. Les hommes du paléolithique ne devaient pas ignorer la jalousie, la convoitise, la dispute.

... et des femmes

Outre ces humains entiers, mais incertains, on trouve dans les grottes des représentations de parties du corps, bras solitaires, têtes détachées...

De nouveau, on ne peut dire si ces têtes, souvent sans cheveux, aux traits caricaturés, parfois affligées d'un nez gigantesque, sont masculines ou féminines. D'autres segments corporels sont présents, des sexes notamment. Nous avons trouvé la figuration d'un sexe masculin dans la grotte Cosquer. Mais en général, il s'agit de sexes féminins.

Représentent-ils la féminité, la fécondité ?

La grotte tout entière devait être perçue comme une entité femelle. Le symbole semble évident : la caverne est un creux, dans le ventre de la terre... Les fissures jouent un rôle majeur dans l'art des cavernes, elles évoquent certainement la gestation de puissances animales. Une grotte-femelle, des parois-femelles... Voilà une interprétation élémentaire, qui paraît fortement vraisemblable et relève des symbolismes universaux.

La grotte symboliserait en quelque sorte la maternité ?

Peut-être, mais au sens le plus large : la maternité de la terre. Nous ne trouvons d'ailleurs pas de représentations de femmes enceintes, ni de naissances.

Les humains de cette époque faisaient-ils la relation entre acte sexuel et maternité ?

C'est impossible à dire. Ethnologiquement, nous connaissons des tribus qui n'établissent pas cette relation, et d'autres, à peu près au même stade de développement culturel, pour qui elle va de soi.

Les mains mystérieuses

Les artistes de la préhistoire ont aussi inscrit dans les grottes des signes étranges, notamment ces fameuses mains, appliquées sur les parois, comme autant d'énigmatiques signatures.

Elles ont souvent indiqué la voie aux explorateurs de la préhistoire. Ce fut, par exemple, le premier signe remarqué par Henri Cosquer dans sa grotte sous-marine, celui qui l'a incité à s'y intéresser plus avant. En plaquant sur la roche leur main couverte de peinture, nos ancêtres obtiennent ce qu'on appelle une « main positive ». Ils réalisent aussi des « mains négatives » selon la technique du pochoir : en appliquant d'abord leur main sur la paroi et en soufflant la couleur tout autour, le dessin des doigts apparaissant alors en contour.

Quel pouvait être le sens de cette différence ?

L'effet de ces mains, positives ou négatives, était probablement le même, on les retrouve d'ailleurs souvent dans les mêmes grottes. C'est une pratique assez universelle. De tout temps, les hommes ont ainsi reproduit leurs mains sur les rochers, les aborigènes d'Australie en peignent encore aujourd'hui. On en observe également en Amérique du Sud, dans des grottes où se dérouleraient des rites d'initiation. Dans les cavernes profondes, elles pouvaient avoir pour but d'entrer en contact avec les esprits derrière les parois. Nous en reparlerons...

Sur les parois de la caverne sous-marine de Cosquer à Marseille, et dans celle de Gargas dans les Hautes-Pyrénées, on trouve aussi des mains aux doigts incomplets...

Dans ces deux grottes, plus de deux tiers des mains présentent en effet de telles caractéristiques. Certains y ont vu des mutilations volontaires, réalisées en signe de deuil ou pour satisfaire à un rite.

Pour les chasseurs de la préhistoire, qui maniaient quotidiennement les armes, c'était quand même curieux de se mutiler ainsi.

Exactement. C'est la raison pour laquelle d'autres chercheurs ont suggéré que les doigts raccourcis étaient le résultat de nécroses dues à des gelures graves ou à des maladies... Mais on voit mal pourquoi celles-ci auraient toujours épargné les mêmes doigts. Et pourquoi, à 400 kilomètres de distance, les hommes de Cosquer et ceux de Gargas auraient éprouvé le besoin de représenter leurs blessures sur les parois des grottes. De plus, on n'a retrouvé aucun squelette de cette période portant des phalanges mutilées. Reste une hypothèse, qu'André Leroi-Gourhan avait d'ailleurs évoquée : il s'agirait de mains aux doigts repliés, éléments d'un code gestuel qui exprimeraient des messages, sans doute liés à la chasse.

Une sorte de langage silencieux, pour ne pas effrayer le gibier ?

C'est tout à fait possible. Ou alors, ces signes étaient destinés à la transmission de contes initiatiques. Mais comment savoir ?

Les hiéroglyphes de la préhistoire

Et les autres signes, ces points, ces traits, ces bâtonnets qui couvrent souvent les parois des grottes... Moins spectaculaires que les fresques, on a parfois tendance à les oublier.

Oui, et pourtant ils sont très nombreux. Sur un seul panneau de la grotte Chauvet, par exemple, on compte déjà cent vingt points rouges. Ces signes représentent une constante impressionnante de l'art paléolithique, pendant 20 000 ans. Parfois, ils accompagnent les figurations, parfois, ils se situent à l'entrée des grottes, ou au contraire tout au fond...

D'autres signes paraissent plus complexes que ces traits ou ces nuages de points rouges.

Certains d'entre eux sont en effet très particuliers et plus élaborés. On a trouvé des « claviformes » : une barre verticale avec une petite boule en haut, placée à droite ou à gauche. Des « tectiformes », en forme de toit. Des rectangles marqués de stries, des triangles, des ovales, des barbelés, des crochets...

Est-il absurde d'y voir l'esquisse d'une communication, peut-être d'une écriture ?

Il s'agirait plutôt d'un « mythogramme », selon l'expression d'André Leroi-Gourhan : un système d'idées. Ils ont le même aspect général, mais leurs associations semblent toujours différentes. Il n'y a pas de constantes, pas de répétitions repérables comme dans une écriture... On peut penser qu'ils ne font pas tous partie du même système. Et qu'à la différence des hiéroglyphes, on ne pourra jamais les lire.

On peut toujours espérer... Pourquoi ces humains évolués, ces artistes confirmés, possèdent-ils un langage oral élaboré, des représentations graphiques, mais pas de système écrit ?

D'autres cultures fonctionnent de la même façon. La communication par l'écriture répond certainement à des impératifs économiques, à un réseau de commerce institutionnalisé avec d'autres tribus. À cette époque, la société des chasseurs-collecteurs n'en ressent tout simplement pas le besoin.

Certains motifs ne semblent pas tracés avec autant de précision. Ils donnent plutôt une impression de confusion...

Les tracés indéterminés – taches, lignes entrecroisées, bandes raclées – apparaissent fréquemment à toutes les époques du paléolithique. Cette persistance implique forcément une intention précise. Lorsque des milliers de tracés digitaux couvrent entièrement les parois et les voûtes d'une grotte, on peut penser que l'homme désire s'approprier ainsi l'espace souterrain, il veut investir toutes les surfaces jugées propices ou entrer en relation avec les forces qui s'y trouvent.

La magie de l'abbé

Sortons de la grotte et asseyons-nous un moment. Pendant leur très longue histoire, nos lointains grands-parents chasseurs-cueilleurs se sont enfoncés dans les ténèbres pour y accomplir leur œuvre artistique. Comment peut-on expliquer ces actes quand même assez singuliers ? Vers la fin du siècle dernier lorsque l'on a découvert les premières grottes, on y a vu des gestes gratuits, sans signification : le bon sauvage, qui n'avait guère besoin de travailler, disait-on, occupait ses loisirs en faisant de l'art...

En effet, la manière de considérer les grottes reflète les idées du temps. Au XIXe siècle, l'influence de Rousseau perdurait. On imaginait la société préhistorique comme un âge d'or. Les scientifiques d'alors, des libres penseurs qui luttaient contre l'Église, n'avaient pas tendance à attribuer à leurs ancêtres des sentiments religieux.

On a dû réviser ces préjugés.

Oui. Au début du siècle, on comprend que nos aïeuls paléolithiques, isolés, devaient lutter pour survivre dans un monde hostile et qu'ils ressentaient certainement le besoin d'une aide extérieure. D'où l'idée que les peintures des grottes représentent plus que de l'art : des rites d'envoûtement. Cette hypothèse, développée par le célèbre abbé Breuil qui a authentifié les peintures de tant de grottes, a fait autorité pendant cinquante ans.

On pense alors que chaque peinture, chaque gravure, représente un rituel de chasse ?

Exactement. C'est un dogme, souvent fondé sur des comparaisons ethnologiques un peu hâtives, et développé en trois points : chasse, fécondité, destruction. Pour favoriser la chasse, explique-t-on alors, le sorcier allait dans la grotte et traçait un bison percé d'une flèche. S'il ajoutait un gros ventre aux animaux femelles, c'était pour assurer la multiplication du gibier. Et lorsqu'il dessinait un animal dangereux, comme le lion des cavernes, et qu'il martelait ensuite son esquisse avec un caillou, il le faisait dans l'intention de l'envoûter et de le détruire.

Représenter un animal, c'était donc lui donner la vie ou la mort, acquérir du pouvoir sur lui ?

Tout à fait. Mais les interprétations de l'abbé Breuil manquaient de cohérence. Que l'image puisse servir dans certains cas à détruire les animaux, et dans d'autres à les multiplier, cela n'était pas très logique ni satisfaisant.

Comment l'abbé interprétait-il les nombreux signes présents dans les grottes ?

Il le faisait toujours dans l'optique de la magie de la chasse. Les signes claviformes reproduisaient pour lui des massues, les traits verticaux des sagaies. Un point rouge sur un bison figurait une blessure. Des points rouges en cercle avec un point au milieu, à côté du bison, comme à Niaux, représentaient les chasseurs et le bison qui allait être tué. Mais là aussi, deux points identiques, à côté l'un de l'autre, auraient eu un sens complètement différent. Par ailleurs, Breuil ignorait dans ses relevés tout ce qu'il considérait comme des traits parasites : lignes entrecroisées, tracés digitaux.

Les cavernes sexuées

Et puis, le regard change. Arrive le préhistorien André Leroi-Gourhan, le grand spécialiste de l'art paléolithique, qui, lui, ne laisse rien passer. Il met au point les méthodes de fouilles systématiques, ce travail de fourmi, qui oblige les chercheurs à répertorier chaque pouce de terrain exploré et à lire chaque couche à l'horizontale, comme s'ils effeuillaient le livre du passé. Avec lui, on ne voit plus les grottes de la même manière.

Dans les grottes, André Leroi-Gourhan a établi des pourcentages sur les animaux, les lieux, les dispositions des peintures et des signes ; il a recherché des analogies, des structures communes. Et il a émis une hypothèse entièrement nouvelle : les artistes-sorciers auraient délibérément organisé leur art dans l'espace souterrain à partir d'un dualisme sexuel. Le choix des animaux correspondait à ce symbolisme : le bison était féminin, le cheval masculin. Les signes se rangeaient dans ces deux catégories : les signes simples, points, traits, étaient masculins ; et les signes « creux », cercles, rectangles, carrés, étaient féminins. Mais cette théorie n'a guère convaincu.

Pourtant, en visitant plusieurs grottes, on perçoit une unité, une pensée organisatrice, quelque chose qui va au-delà de l'émotion artistique...

À l'évidence, les grottes ornées ne sont pas de simples réceptacles d'images jetées au hasard sur les parois. Bien sûr, plusieurs logiques ont pu coexister ou se succéder dans les mêmes cavités. Mais, malgré la diversité, l'unité de cet art est incontestable et impressionnante. Et elle a persisté pendant 25 000 ans ! La société paléolithique a évolué très lentement. Pourtant, les hommes de ce temps avaient une espérance de vie courte, vingt-cinq, vingt-huit ans. Comment l'expérience et le savoir-faire ont-ils alors pu se transmettre d'une génération à l'autre avec autant de cohérence ? Voilà l'extraordinaire.

Logiquement, dans ce monde où les groupes humains vivaient isolés, pendant des millénaires, l'art comme le sacré auraient dû partir sur mille voies divergentes. Comment alors expliquer une tradition aussi longue, universelle de surcroît ?

Nous savons déjà que les échanges entre les groupes humains existaient, mais cela ne suffit pas. Pour qu'un art s'exprime sous une forme à peu près équivalente, aussi longtemps, dans toute l'Europe, il fallait un autre lien unificateur puissant.

Ce lien est forcément d'essence religieuse ?

Oui, il relève incontestablement du symbolisme, de la croyance, du sacré. Les hommes du paléolithique ne se rendaient pas dans des cavernes obscures, difficiles d'accès, sans des raisons impératives. Si cette pratique s'est maintenue ainsi pendant tant de millénaires – plus de dix fois la durée de la religion chrétienne –, c'est grâce à un système structuré et assez rigide de transmission des connaissances, avec des rites, des mythes, des représentations du monde. Grâce à une véritable religion.

SCÈNE 3

La naissance de la religion

Ils sont là, effrayés, au plus profond des ténèbres, autour du chamane qui appelle les dieux. Un monde mystérieux s'anime devant eux. Ils sont devenus religieux.

L'éveil du sacré

En ouvrant un œil plus curieux sur le monde, l'animal humain a relevé des anomalies, des contradictions, des harmonies. Peu à peu, il a inventé la beauté, l'art, le rêve éveillé. Et maintenant, au fond des cavernes, le voilà qui étend le territoire de son imaginaire, qui conçoit un monde parallèle, peuplé de forces bienveillantes et maudites, amies et ennemies... L'esprit religieux lui serait ainsi venu simultanément, presque logiquement...

Nos ancêtres des grottes se sont posé la question fondamentale, qui marque l'accès à l'humanité véritable : « D'où venons-nous ? » On sait que les mythes de la genèse jouent un rôle essentiel dans l'expression de l'imaginaire et donnent sa cohésion à toute tribu, y compris d'ailleurs aux tribus occidentales d'aujourd'hui ! Les hommes de cette époque, capables de manier des concepts très évolués, ont acquis une vision du monde qui fait intervenir des puissances surnaturelles avec lesquelles on cherche à entrer en relation.

Cette vision du monde ne pouvait-elle pas apparaître avant ? L'art et le sacré étaient donc le propre de l'esprit Homo sapiens *?*

Oui. Je doute que le sens du sacré ait pu exister avant nos ancêtres directs ou leurs cousins, les Néandertaliens. À certaines époques, l'*Homo erectus* appréciait peut-être la symétrie d'un biface, mais cela ne l'empêchait pas de manger ses compagnons décédés, ce qui ne dénote pas un sens du sacré très développé. L'homme de Neandertal, lui, enterrait ses morts : à La Ferrassie en Dordogne, on a retrouvé une dalle posée sur la tombe d'un enfant néandertalien, et ornée de dix-huit cupules, des petites coupes. Creuser une sépulture, mettre quelques offrandes, cela traduit une croyance en une autre vie, un autre monde, cela postule une esquisse de religion...

La croix des extraterrestres

Mais, comme pour l'art, la vraie religion n'est apparue qu'avec l'homme moderne, celui des grottes, c'est cela ?

Dans l'éveil de la sensibilité, je crois même qu'elle aurait succédé à l'art. Mais n'oublions pas que la séparation entre sacré et profane, religieux et laïc, est une conception occidentale moderne. Les cultures traditionnelles ne font pas cette distinction. Pour elles, tout est mêlé. Prenez par exemple les propulseurs, qui permettent à nos ancêtres d'envoyer une sagaie dix ou vingt mètres plus loin que la force du bras ne le peut. Cet outil remplit évidemment un rôle pratique. Mais s'il est orné d'un bouquetin ou d'un poisson gravé, il semble bien qu'un élément rituel s'y ajoute. Ce que nous nous appelons sacré est alors mêlé de façon inextricable aux activités de la vie courante.

Le sacré implique cependant des symboles, des rituels, des cérémonies...

Les seuls témoignages qui nous restent sont les œuvres d'art préhistoriques. Un art fossile, dont nous ne possédons plus les codes. Le lien qui nous attachait au passé est rompu, et nous ne pouvons oser que des interprétations élémentaires, un cadre en quelque sorte. Pour parler de symbolismes, il faut donc que nous soyons sûrs qu'il s'agit de systèmes universels, présents en tout temps et en tout lieu. Supposez que vous soyez un extraterrestre en visite chez nous, et que vous découvriez des croix, des scènes de crucifixion, sans rien connaître de l'histoire du Christ... Eh bien voilà exactement notre position face à l'art paléolithique, nous sommes démunis de textes, de guides, d'explications.

La porte de l'au-delà

Osons donc l'interprétation. L'art des grottes n'est pas simplement magique, mais aussi religieux. Peut-on dire qu'il représente une plongée à la recherche des origines ?

S'il avait un sens profane, anecdotique, cet art se serait constamment exprimé à l'extérieur, visible pour tous. Or il se cache, bien souvent à l'écart du pratique et du quotidien, dans des lieux déserts. Contrairement à une opinion répandue, les gens de cette époque n'habitent pas dans les cavernes, obscures, humides, incommodes, mais à l'entrée des cavités, sous des abris ou dans des tentes. Les grottes sont pour eux des lieux de culte, dans lesquels ils ne pénètrent qu'exceptionnellement. Choisir les ténèbres profondes, c'est entrer délibérément dans un autre monde.

Dans bien des civilisations, l'univers souterrain représente le domaine des esprits, l'au-delà, voire les bouches de l'enfer.

Nous avons affaire à un universel de la pensée humaine. Les cavernes suscitent des peurs vagues, des angoisses ataviques. Pénétrer dans les entrailles de la terre, c'est voyager dans l'ailleurs.

Un ailleurs bien difficile d'accès... C'est volontaire ?

Et comment ! Pour laisser leur marque, les artistes du paléolithique se glissent dans les cavités les plus reculées. Dans la grotte Chauvet, il faut se faufiler à quatre pattes au bout d'une longue galerie pour contempler trois ours rouges extraordinaires. À la grotte Gargas, qui date de 26 000 ans, on doit ramper pendant une quinzaine de mètres avant de découvrir, tout au fond, une main négative. Et à Lascaux, une seule personne à la fois peut ramper à l'extrémité du diverticule des félins, couvert de gravures.

Le pouvoir des chamanes

Les artistes ne cherchent pas à attirer le public, c'est le moins que l'on puisse dire !

Pour eux, l'important n'est pas nécessairement le résultat, mais l'acte lui-même, la création. On voit bien que les œuvres de la préhistoire ne relèvent pas de l'acte gratuit, de l'art pour l'art. D'autant plus que les hommes, ou les femmes, capables de s'enfoncer ainsi dans les ténèbres ne sont pas n'importe qui. Mais des initiés, des chamanes.

Question naïve : qu'est-ce qu'un chamane ?

Le chamane est un médiateur, l'intermédiaire avec le milieu surnaturel. Au contraire du sorcier, il ne commande pas aux forces occultes. Il se rend dans le monde des esprits et discute. Il peut ainsi restaurer une harmonie rompue, ou lever un envoûtement.

D'où tire-t-il son pouvoir ?

La tradition chamanique, encore vivace en Sibérie, en Amérique, dans le sud de l'Afrique, dans certaines parties de l'Asie, repose sur la recherche d'états de conscience altérée : la transe, les visions, les hallucinations... Quand un chamane entre en transe, son esprit voyage dans un monde surnaturel, peuplé d'êtres mythiques, d'animaux, d'hommes ou de chimères. Il essaie d'obtenir leur aide pour guérir les malades, assurer la chasse, attirer la pluie. Bien sûr, on ne peut assimiler les hommes du paléolithique aux Bochimans du Kalahari ou aux Indiens des Amériques, mais ces populations nous donnent une idée de la complexité des concepts mis en jeu, et des universaux qu'ils veulent représenter.

Les séminaires de l'art

Alors essayons de nous mettre dans la tête de nos ancêtres. Que représente vraiment ce puissant chamane ? Est-il le responsable des traditions de la tribu ?

Le chamane est choisi. Non seulement il doit connaître toutes les traditions, notamment le mythe des origines, mais il doit aussi disposer de pouvoirs spéciaux, pour entrer en contact avec le monde surnaturel et aider la tribu. Il faut évidemment qu'il apprenne certaines techniques.

Un peu comme les prêtres dans les séminaires...

Les prêtres étudient et s'exercent – entre autres choses – à chanter. Les chamanes de la préhistoire, eux, doivent assimiler les techniques du dessin et de la gravure. Peut-être, d'ailleurs, apprennent-ils aussi le chant et la danse ? Ils sont en quelque sorte les chefs des écoles artistiques et religieuses.

Vous parlez sérieusement d'écoles pour l'art préhistorique ?

À plus d'un titre. À cette époque, la transmission des connaissances est évidemment solide et structurée, car la plupart des dessins démontrent une qualité artistique assez remarquable. Mais, par ailleurs, on relève vraiment des « écoles », représentant des techniques et des styles particuliers.

Par exemple ?

Voyez les pattes des animaux : à Niaux et dans d'autres grottes pyrénéennes, celles au second plan sont à peine esquissées, pour donner la perspective. Observez le cornage de certains bovidés : il présente toujours le même profil. Cela ne veut pas dire que leurs auteurs ne savent pas dessiner. Au contraire, la plupart des peintures sont naturalistes et respectent parfaitement les proportions. Les artistes suivent simplement les conventions de style qui se transmettent probablement d'une région à l'autre.

L'influence de ces écoles était-elle durable ?

Extrêmement. En Espagne, non loin de Valence, dans la grotte du Parpalló, on a retrouvé plus de 5 000 plaquettes de pierre, gravées ou peintes, dans des couches archéologiques qui couvrent près de 10 000 ans. Cela signifie que la même tradition, les mêmes rites, les mêmes techniques se perpétuaient pendant de nombreux millénaires !

De l'autre côté du miroir

Pour vous, les conventions artistiques reflètent-elles aussi les subtilités du sentiment religieux ?

Oui. Les conventions de style traduisent des croyances, des rites. Ainsi les chamanes superposent-ils parfois leurs œuvres sur des gravures anciennes, détériorées par le temps. Ces marques indiquent pour eux le caractère sacré de la paroi et le pouvoir qui s'y attache. Cela évoque la pratique des cimetières ou des ex-voto. Un jour, un lieu est considéré comme sacré ou propice aux miracles, et il est vénéré par les générations futures.

Observe-t-on une volonté de détruire ? D'effacer les vestiges d'une religion passée, à la manière des chapelles chrétiennes construites sur les ruines de temples païens ?

Très rarement. Dans la grotte Chauvet, certaines peintures ont été effacées par des raclages. À Cosquer, des mains négatives, datant de −25 000 ans ont été détruites par des stries volontaires réalisées bien plus tard, sans doute vers −17 000 ans. Mais peut-être, à tant de millénaires de distance, les visiteurs ont-ils simplement distingué de vagues traces et voulu bénéficier de la puissance de la paroi ?

Les artistes se servent aussi souvent des contours de la roche, des reliefs naturels. Quelle signification peut-on donner à ces gestes ?

Dans les grottes, la lumière vacillante des torches ou des lampes à graisse anime des ombres mobiles sur les parois, et y projette aisément les formes animales qui peuplent l'imaginaire de nos ancêtres. Dans le creux d'un rocher, ils identifient un cheval, un bison, un mammouth... Dans la fissure, un esprit est là, qui attend, prêt à sortir... En le complétant, en le dessinant, le chamane entre en contact avec lui.

Les forces animales

Les esprits se tiennent donc derrière la paroi, dans le monde surnaturel ?

Oui. Le chamane va à leur rencontre pour en tirer force et puissance. Les petits bouts d'os plantés dans la roche représentent sans doute une autre forme de communication avec les esprits. De même pour les mains négatives : la peinture couvre la main et la roche, la main disparaît, elle passe de l'autre côté du miroir... La paroi n'est qu'un voile qui cache les esprits.

Toute cette symbolique renvoie aux animaux. Les forces occultes sont donc forcément animales ?

C'est tout à fait logique. Le christianisme, anthropomorphiste, est né dans un monde de cultivateurs et d'éleveurs, un monde soumis à l'homme : Dieu le Père et Jésus-Christ sont représentés comme des personnes. Le paléolithique est un univers peuplé d'animaux. Il est normal que la puissance surnaturelle relève d'une prérogative animale.

Si ces animaux-esprits sont sacrés, on ne peut donc pas les chasser, ni les tuer ?

Pas nécessairement. Diviniser certains animaux correspondrait au totémisme : un groupe humain s'assimile à un animal-totem, qui doit être protégé. Mais dans les grottes, ce n'est pas la même chose : les animaux percés de flèches et de sagaies subissent une mort symbolique. Ils ne sont pas sacrés. Chez les Indiens de Californie, le mouflon était l'animal chamanique par excellence, celui qui apportait la pluie. On ne se privait pourtant pas de le chasser et de le manger.

En transe

Au-delà de l'idée de puissance, il est difficile de comprendre le symbolisme que nos ancêtres attachent à chaque animal.

Oui, d'autant plus que, pendant une période aussi longue, ce symbolisme a dû évoluer et remplir des rôles très différents : transmettre des mythes au reste de la tribu, marquer des rites de naissance, d'union, d'enterrement, de guérison des malades ; communiquer avec d'autres groupes, ou même avec les dieux. Mais, à l'évidence, et c'est l'un des enseignements essentiels que vient nous apporter la neuropsychologie, l'art des grottes représente en partie les visions hallucinatoires des chamanes.

Comment la neuropsychologie moderne peut-elle nous renseigner sur des visions vieilles de 30 000 ans ?

Parce que les phénomènes décrits sont universels, ils concernent tous les humains dotés du même système nerveux, à toutes les époques. Les expériences « près de la mort », que l'on étudie beaucoup aujourd'hui, correspondent exactement aux visions des chamanes. Chez certains peuples, la mort est d'ailleurs une métaphore de la transe.

Attendez ! La transe, les hallucinations ne sont pas des expériences à recommander à tous...

Bien sûr, mais certaines circonstances les favorisent. Le monde souterrain est particulièrement propice aux hallucinations. Tous les repères disparaissent : le jour, la nuit, le soleil, la lune, les étoiles, le vent, la pluie. L'environnement est minéral, sans plantes, sans animaux. Au bout d'un certain temps, la fatigue s'alliant aux perturbations des sens, les hallucinations deviennent possibles. Les spéléologues, comme les alpinistes à très haute altitude, connaissent ces sensations et les redoutent. Les chamanes, au contraire, les recherchent délibérément.

Le voyage halluciné

La grotte jouerait ainsi un double rôle : elle est à la fois la demeure des esprits et le milieu favorable aux hallucinations ?

C'est très vraisemblable. Et le rôle du chamane, intermédiaire auprès du monde surnaturel caché derrière les parois, n'est en général pas envié. Il dépense une énergie considérable, et revient épuisé de son voyage.

Que lui arrive-t-il donc, au cours de son périple ?

La transe peut se dérouler en trois stades. Certains, cependant, passent directement au stade 3, d'autres ne dépassent jamais le stade 1. Cela dépend des individus, des circonstances...

Essayons de décrire le modèle idéal.

Sous l'effet de drogues hallucinogènes, du son répétitif des tambours et de chants rythmés, de déprivations sensorielles, de jeûnes, du froid, de la douleur, celui qui entre en transe s'éloigne de la réalité. Il voit d'abord des nuages de points, des zigzags, des grilles, des courbes, des lignes, un peu comme lorsque l'on souffre d'une forte migraine.

Des visions vides de sens...

Dès le second stade, ces signes commencent cependant à s'organiser. L'esprit, qui les percevait de manière erratique, essaie automatiquement de les regrouper en systèmes cohérents, selon le milieu qui lui est familier. Pour les Indiens de Californie qui pratiquent le chamanisme, les zigzags peuvent devenir des serpents à sonnettes, alors que les Indiens tucanos de Colombie y verront, eux, la Voie lactée.

L'interprétation des signes est donc culturelle. Que se passe-t-il ensuite, au stade 3 ?

Parfois l'impression de passer par un tunnel, qui débouche vers une lumière éblouissante. Si on parvient au bout du tunnel, on atteint enfin l'autre monde. On peut voler, planer. Les animaux parlent. On se transforme soi-même en animal.

Ouf ! Quelle épopée ! Et au terme d'une telle aventure, le chamane est encore capable de partager ses visions de l'au-delà !

Même au stade 3 de la transe, une partie de soi reste humaine, capable de mémoriser et, plus tard, de raconter. On se rappelle beaucoup mieux les « rêves éveillés » que les vrais songes nocturnes.

Les peintures visionnaires

Les chamanes de la préhistoire auraient alors dessiné et gravé leurs mirages hallucinatoires sur les parois des grottes. Leur art serait l'expression directe de leurs visions.

Les signes inscrits dans les grottes correspondent précisément au premier stade de la transe. Ce phénomène est constant, universel, et pourrait expliquer l'unité de l'art paléolithique pendant des milliers d'années. Les peintures et les gravures d'animaux, en revanche, traduisent davantage les visions des stades 2 et 3.

Au stade ultime où le chamane se transforme en animal ?

En partie. Il devient animal mais reste humain, il réunit les deux mondes. En Afrique, on voit beaucoup de représentations d'humains marqués de petits caractères animaux très discrets. Cela nous montre qu'il s'agit de chamanes transformés. Passés dans l'autre monde, ils sont devenus composites. À Niaux, un spécialiste des bisons a remarqué que le sexe des bisons était parfois mal placé. Est-ce une erreur involontaire, alors que les artistes connaissaient très bien l'anatomie des animaux ? Ou au contraire représentent-ils des chamanes transformés en bisons ? Ou l'esprit d'un bison, auxiliaire d'un chamane ?

Si les étapes de la transe correspondent bien aux signes et aux représentations animales, elles n'expliquent pas les tracés digitaux, les gribouillis approximatifs qui couvrent certaines parois.

On trouve en effet des dessins très maladroits, qui sont rarement reproduits dans les livres ! Ce ne sont probablement pas le fait de grands artistes. On relève aussi des empreintes de mains et de pieds nus d'enfants, parfois très jeunes.

Les cavernes n'étaient-elles pourtant pas réservées aux seuls initiés ?

On peut penser que le chamane est parfois accompagné de malades à guérir, de chasseurs en quête de succès, qui tentent d'entrer en contact avec le monde des esprits. Le chamane dessine un bison, ses compagnons ajoutent quelques traits. Les enfants participent peut-être à certaines cérémonies. Les buts poursuivis restent toujours pratiques, et ces visites sont rares. Elles sont peut-être suscitées par des circonstances exceptionnelles, une catastrophe naturelle, une épidémie, une épizootie...

C'est-à-dire une épidémie frappant les animaux... Mais le reste du temps ? On se doute que le culte du paléolithique ne se limite pas aux événements désastreux.

En effet. On peut penser que l'essentiel des cérémonies se déroule à l'extérieur, ou dans des sections aisément accessibles des grottes. Mais, bien sûr, nous n'en avons pas la moindre trace.

Grand-messe à Lascaux

À Lascaux, plusieurs salles, couvertes de peintures magnifiques, auraient pu accueillir vingt ou trente personnes. On imagine mal qu'elles aient été utilisées par un seul chamane.

La grotte de Lascaux présente en effet un caractère monumental que l'on ne retrouve pas ailleurs. Les dessins de certains animaux y sont placés bien en évidence et mesurent parfois cinq mètres de long, alors que généralement, dans les autres grottes, les représentations sont plus petites que nature. Cela implique un travail de groupe, une volonté de spectaculaire, et un esprit différent de celui que l'on devine à travers les œuvres dissimulées dans des recoins difficiles d'accès.

Peut-on penser à des cérémonies publiques ?

Probablement. Dans la caverne de Niaux, le « Salon noir » jouit d'une acoustique exceptionnelle. Ce n'est sans doute pas un hasard. A-t-il été le lieu de grandes cérémonies, avec des chants, des danses, des rites collectifs, des guérisons de malades ? Lors d'un rassemblement saisonnier, il n'est pas impossible qu'un groupe soit venu contempler les peintures, se recueillir, rencontrer un chamane très réputé...

Les quelques empreintes de pieds nus qui ont été relevées ne peuvent-elles pas nous donner des indices sur la fréquentation ?

Non, car elles sont trop rares, et presque impossibles à dater. On ne les trouve que dans les grottes qui ont eu la chance de ne pas être visitées, dont le sol n'a pas été foulé, et qui bénéficient de surcroît de bonnes conditions de conservation. En général, ce sont des traces d'enfants : de tout temps, comme le rappelait Leroi-Gourhan, ceux-ci aiment fouiner partout, marcher dans le sable, patauger dans la boue. Mais plusieurs milliers d'années peuvent séparer les dessins sur les parois et les traces de pas.

Trois petits boudins

Le chamanisme fournit une explication plausible de l'art des grottes. Celles-ci représentent la porte de communication entre la réalité visible et le monde des esprits, que l'on franchit en suivant les égarements contrôlés de la transe. Les points, les traits, certains dessins reproduisent les visions du chamane ; les animaux complétés à partir de contours naturels traduisent des forces cachées à l'intérieur de la roche ; les tracés digitaux et les lignes maladroites signalent le passage d'autres visiteurs, compagnons occasionnels du chamane... Tout cela est une interprétation séduisante. Mais ce n'est qu'une interprétation.

Sans aucun doute. On se dit que, d'une façon ou d'une autre, toutes les cultures sont religieuses, jusqu'à notre époque laïque, et encore... Et qu'il n'y a pas de raisons pour que la préhistoire de l'homme moderne ne l'ait pas été. Mais on ne peut pas avoir de preuve formelle en sciences humaines, seulement des hypothèses. La meilleure façon de les valider, c'est de voir si elles s'accordent avec le maximum de faits établis scientifiquement et si les nouvelles découvertes viennent les conforter. Depuis que l'idée du chamanisme a été émise, j'ai examiné des grottes nouvelles en gardant cette idée à l'esprit, et je dois dire qu'elle semble tout à fait cohérente.

Découvre-t-on encore de nouvelles traces de ces drôles d'artistes ?

Oui. Non seulement tous les trous visibles n'ont pas été fouillés, mais il reste un grand nombre d'entrées invisibles, colmatées par les sédiments, cachées sous des éboulis de pierre ou sous les végétaux depuis des milliers d'années. Mais on ne les trouve pas comme ça ! Et on peut aussi changer de point de vue sur des choses que l'on croyait pourtant bien connaître.

Par exemple ?

Au Tuc d'Audoubert, à une trentaine de mètres des bisons, tout au fond de la grotte, on trouve trois boudins d'argile. En 1912, l'abbé Breuil les prenait pour des phallus, symboles de la puberté des garçons initiés. Lui, il interprétait tout en termes de magie et d'initiation. Il y a une dizaine d'années, un sculpteur américain, qui m'accompagnait dans cette grotte, s'est exclamé : « Mais pas du tout ! C'est un geste de sculpteur ! Nous faisons tous ainsi : nous prenons une poignée d'argile, et nous la pétrissons dans la main pour en estimer la plasticité. » Ensuite, il a regardé des petits trous dans l'argile qui nous laissaient perplexes : « Ils ont été faits avec le gras de son doigt, a-t-il expliqué. Un sculpteur donne toujours des petits coups dans l'argile pour voir si elle est malléable. » C'était tout simple !

On demande un Champollion !

En fait, pour déchiffrer tout cela, il nous manque une pierre de Rosette, un autre Champollion peut-être.

Je ne pense pas, hélas ! qu'on déchiffrera jamais ces messages du passé. Il y a quelques années, j'ai visité un site indien avec le *medicine man* du coin. À l'entrée, se trouvaient deux ou trois signes verticaux. J'ai pensé qu'André Leroi-Gourhan y aurait lu un signe masculin au seuil d'une grotte féminine. Que l'abbé Breuil y aurait vu un dessin de sagaies, les armes des chasseurs.

Et vous ? Qu'avez-vous vu ?

Le *medicine man* me l'a expliqué : les signes indiquaient simplement que cette grotte était accessible aux initiés de stade 2. Voilà, nous en sommes là ! Nos connaissances du moment nous permettent de soulever un coin du voile, mais elles n'éclairent pas tout. Un jour, une autre explication viendra sans doute qui complétera, modifiera ou remplacera la nôtre...

Expliquer la religion, fût-elle préhistorique, par la science, c'est un pari impossible, non ?

On ne juge pas de la valeur des religions en fonction de leur véracité scientifique. Sinon, nous serions totalement dénués de traditions spirituelles. La Bible est-elle compatible avec nos récentes découvertes ? Mais bien sûr ! Elle se situe dans un registre absolument différent. Il en va de même pour les croyances du paléolithique.

Entracte

Et puis, tout disparaît. 25 000 ans de religion, la plus longue de toute l'histoire de l'homme, s'évanouissent. Vers

–10 000 ans, l'ancienne tradition de l'art rupestre est peu à peu abandonnée. Que se passe-t-il donc ?

À la fin de la glaciation, des changements graduels, mais décisifs, interviennent. Le climat se réchauffe, certaines espèces animales s'éteignent. Le mammouth a déjà disparu, et, petit à petit, le renne remonte vers le nord. D'autres espèces prennent le dessus : sangliers, cerfs. On commence à manger des escargots. Les modes de vie se modifient, les structures sociales aussi. Et les religions, qui en général survivent le plus longtemps, finissent par se transformer ou par mourir.

Les hommes abandonnent les grottes ?

Il pleut beaucoup, les forêts s'étendent. De plus, les grottes deviennent beaucoup plus humides, des poches d'eau considérables se forment, rendant nombre de cavités inaccessibles. Peut-être un art sur bois supplante-t-il alors l'art des roches ?

Et les animaux ne représentent plus les puissances du monde surnaturel ?

Dans une société de chasseurs, l'homme est un prédateur parmi d'autres. Le cheval sauvage ou le lion des cavernes peuvent apparaître comme des esprits puissants. Mais vers –10 000 ans, Jean Guilaine va maintenant le raconter, survient la plus grande mutation de l'aventure humaine : celle du néolithique, qui s'accompagne de l'élevage. Le mouton puis le bœuf vont être domestiqués. Il va devenir difficile de déifier la vache à l'étable, ou le cochon dans sa porcherie ! Le chasseur de la préhistoire va devenir berger. Son monde va changer. Son imaginaire, aussi.

ACTE 3

La conquête du pouvoir

SCÈNE 1

À l'aube du nouvel âge

Et puis un jour, l'idée naît, le geste décisif est tenté. En arrêtant leur incessant voyage, en accomplissant la première moisson, ils entraînent l'humanité dans l'irrésistible engrenage de la civilisation.

L'idée qui ébranle le monde

C'est un événement décisif que nous allons vivre maintenant. Les hommes ont colonisé la planète, ils ont transcendé leur condition par leur art et leur imaginaire, mais ils restent malgré tout asservis à leur environnement, soumis aux aléas de la chasse et de la cueillette, encore enfermés dans le monde animal ancestral. Et puis tout change...

Jean Guilaine : Oui. Jusque-là, les êtres humains vivaient dans l'ancien monde paléolithique qu'ont décrit André Langaney et Jean Clottes. Chassant, pêchant, cueillant, ramassant, ils se comportaient en prédateurs, certes intelligents – ils sélectionnaient leurs proies, ils mesuraient les effets de leurs actes sur leurs ressources –, mais ils étaient toujours tributaires de la nature, dont ils restaient des parasites, comme les animaux. Cette longue marche que les chasseurs-cueilleurs mènent depuis trois millions d'années touche à sa fin. Avec le néolithique, à partir de dix mille ans avant notre ère, un processus irréversible s'amorce.

Néolithique, cela signifie « la nouvelle pierre » ?

Oui, « le nouvel âge de la pierre », la pierre polie notamment, par opposition à paléolithique, « la vieille pierre », qui était simplement taillée. Mais le changement qui se produit à ce moment-là dépasse de beaucoup cette simple innovation technique : c'est une mutation unique dans l'histoire de l'humanité, le début d'un mode de vie qui restera en fait le nôtre jusqu'à la révolution industrielle du XIXe siècle et peut-être même jusqu'à aujourd'hui.

Comment cette mutation va-t-elle se manifester ?

Les humains vont domestiquer le monde sauvage, l'artificialiser, l'« humaniser ». Et, ce faisant, ils vont se transformer eux-mêmes, modifier totalement leurs comportements, leurs habitudes, leurs relations avec leurs semblables. C'est un véritable engrenage qui s'enclenche : les hommes abandonnent petit à petit le nomadisme, commencent à se sédentariser en fondant les premiers villages (à partir de −12 000 ans), apprennent à produire eux-mêmes leur nourriture en inventant l'agriculture (vers −9 000 ans) et l'élevage (vers −8 500 ans)... Ils fabriquent des outils perfectionnés, créent la spécialisation des tâches, la division du travail, les hiérarchies...

Ouf ! C'est une révolution ! Comme une idée qui aurait soudain saisi l'humanité tout entière...

Si on regarde cette période avec le recul du temps, on a l'illusion d'une rupture brutale : nos ancêtres menaient la même vie de chasse et de cueillette pendant des millions d'années, et d'un seul coup tout est bouleversé. Plutôt que d'une révolution, il s'agit en fait d'une évolution graduelle qui s'est poursuivie pendant deux ou trois millénaires : une nouvelle façon de vivre a éclos simultanément dans quelques foyers précurseurs, d'où elle s'est diffusée vers les régions voisines, s'imposant petit à petit comme un phénomène mondial.

Le désir de changer

À cette époque, les petits groupes d'hommes répartis sur la planète sont très éloignés les uns des autres. Comment explique-t-on qu'une telle métamorphose soit apparue en même temps dans des lieux différents, qui, a priori, ne communiquent pas entre eux ? Y aurait-il une logique de l'évolution de l'homme qui l'aurait poussé vers une autre étape de son histoire ?

Il y a au moins deux thèses à ce sujet. Pour les uns, c'est la nature qui a contraint l'homme à s'adapter. À cette époque, la dernière glaciation se termine. Le climat se réchauffe, il devient plus humide et favorise la végétation. L'Europe découvre un climat tempéré, les régions méridionales se retrouvent plus sèches. Dans certaines contrées plus arides, les hommes se concentrent dans des zones favorables, près des lacs, des rivières, des marécages. On peut penser que la proximité de l'eau, c'est-à-dire de la vie, les incitent à s'intéresser de plus près aux animaux et aux plantes, et que cette symbiose quotidienne les conduit à les domestiquer.

Et l'autre thèse ?

Elle est inverse : ce serait l'évolution intellectuelle de l'homme qui l'aurait incité à changer. Depuis leurs origines, les êtres humains créent de l'artificiel. En taillant leurs cailloux d'une manière rudimentaire, en se transmettant leur savoir-faire, nos lointains ancêtres maniaient déjà des concepts élaborés, ils inauguraient une forme de culture qui s'est perfectionnée au fil des temps, de génération en génération...

Ils auraient trouvé l'idée de l'agriculture presque naturellement : et si on plantait nous-mêmes des graines, pour voir ?

Il peut sembler logique qu'à un moment donné ils se soient intéressés aux plantes et aient effectivement pensé à les semer. De la même manière, ils auraient modifié leurs rapports avec les animaux, en passant d'une chasse aléatoire, qui s'apparentait dans les temps anciens à un simple charognage, à une chasse active, puis à une chasse sélective et enfin à la domestication des animaux. La nature n'y serait donc pas pour grand-chose. L'évolution viendrait de la volonté humaine, et de rien d'autre.

Un petit coup de pouce

Pourquoi alors ne s'est-elle pas manifestée partout ?

Il fallait encore que l'environnement s'y prête, qu'il y ait des plantes susceptibles d'être cultivées et des animaux que l'on puisse élever, ce qui n'était pas le cas dans toutes les régions colonisées par l'homme. On trouvait alors du blé et de l'orge sauvages au Proche-Orient, mais pas au nord de l'Europe, par exemple. Et puis, la démographie a peut-être elle aussi donné un petit coup de pouce.

Elle connaît à ce moment-là une croissance sans précédent, nous a dit André Langaney.

Oui. Vers −10 000 ans, la population ne dépasse guère 7 à 8 millions d'hommes sur toute la planète. Elle sera multipliée par dix au cours des huit millénaires suivants sous l'effet de la « révolution » néolithique ! Sur le seul territoire de la France par exemple, on passera de 50 000 à 500 000 êtres humains approximativement. On peut alors imaginer que vers −10 000 ans, certains groupes, devenant trop nombreux, ont été contraints pour survivre d'imaginer un autre mode de subsistance que la chasse et la cueillette. À moins que cela ne soit le contraire : en devenant sédentaires et en augmentant leurs ressources, les hommes ont vu leurs effectifs grimper. C'est le dilemme de la poule et de l'œuf. Il est impossible de trancher.

Les foyers de la révolution

Quelles que soient leurs motivations, nos ancêtres, qui le plus souvent nomadisent depuis des millions d'années, décident un jour de poser définitivement leur baluchon. Sait-on comment cela a commencé ?

Les premiers frémissements ont lieu entre −12 000 et −10 000 ans. À ce moment-là, les hommes mènent une vie paléolithique traditionnelle : ils vivent en bandes, chassent des mammifères, collectent des graminées, pêchent... Et puis, les récents travaux d'archéologie nous l'indiquent, ils commencent à se fixer, dans certaines régions du monde, en bordure des lacs et des étangs, près des côtes ou au fond des estuaires, là où la nourriture est plus abondante.

Ils s'installent...

En douceur... Il est peu probable qu'ils se soient dit : « Tiens, ici, je trouverai des poissons toute l'année, je peux compter sur des plantes comestibles en été, je sais que des hardes passeront au printemps... Je m'installe et je ne bouge plus. » Ils commencent plutôt par établir des camps de base plus ou moins permanents, tout en restant un peu nomades.

Où cela débute-t-il ?

Pour l'Ancien Monde, les témoignages de sédentarisation les plus vieux (hormis certains sites d'Europe centrale et orientale, entre −32 000 et −22 000, qui n'auront pas de lendemains) se situent en Syrie, Israël, Palestine, Irak. Désormais, l'ancrage au sol, l'établissement stabilisé vont servir de cadre aux mutations économiques qui mèneront à l'agriculture.

Celle-ci n'apparaît pas immédiatement ?

Au début, il s'agit de formes transitoires : des « villages » de chasseurs-cueilleurs qui ne pratiquent ni l'agriculture ni l'élevage. Ainsi à Mallaha, sur le Jourdain, vers −11 000 ans avant notre ère, une localité présente des maisons à poteaux de bois, en partie ceinturées de murs de pierre. On y a trouvé des objets caractéristiques de chasseurs ou de pêcheurs, mais aussi des instruments de mouture liés à l'exploitation de céréales spontanées. À cette époque, donc, l'alimentation ne repose que sur des ressources sauvages.

Et puis, on va quand même s'installer de manière plus durable...

Oui. À partir de −9 000 ans avant notre ère, les choses changent rapidement. L'architecture prend parfois des aspects monumentaux. À Jéricho, en Palestine, une tour de pierre de 10 mètres de diamètre pour près de 9 mètres de haut jouxte un rempart de 3 mètres de large. Les maisons, circulaires, peuvent avoir des soubassements de pierre ou faire appel à la brique de terre crue, comme à Jéricho et à Aswad, ou au pisé, comme à Mureybet. C'est alors qu'apparaissent, sur l'axe moyen Euphrate/Jourdain, les prémices de l'agriculture...

Le Proche-Orient, donc, pour ce morceau de planète-ci. Et ailleurs ?

Les découvertes des botanistes l'ont montré, les principales céréales et légumineuses ont été domestiquées à des milliers de kilomètres de distance. Le blé, l'orge, le pois, la lentille, la fève, au Proche-Orient... Le millet et le riz en Extrême-Orient, le maïs et les haricots en Amérique, le mil et le sorgho en Afrique... Toutes ces innovations se réalisent dans des lieux indépendants, entre −9 000 ans et −5 000 ans avant notre ère, des incertitudes chronologiques subsistant toutefois pour l'Afrique.

Mais certaines régions ne sont pas touchées par la grâce agricole...

Pas tout de suite. Dans certains cas, les deux modes de vie, celui des chasseurs-cueilleurs et celui des nouveaux paysans, cohabiteront un moment, à l'échelle de la planète. Ainsi lorsque s'amorce l'agriculture au Proche-Orient, l'Occident continue de vivre de chasse au cerf, au sanglier ou au bouquetin. Tandis que dans les Andes et leurs marges s'affirme la domestication végétale et animale, de vastes étendues de l'Amérique du Sud, de l'Amazonie à la Patagonie voient s'éterniser, et pour longtemps encore, chasse, pêche et collecte. Il a pu exister des résistances à l'économie agricole. Depuis toujours, les rythmes de l'évolution économique ne sont pas synchrones.

La graine du changement

C'est la découverte de l'agriculture qui a tout déclenché ?

On s'est demandé longtemps ce qui, de l'agriculture ou de l'élevage, était venu en premier... Certains prétendaient que l'élevage étant dans le droit fil de la chasse, il serait antérieur à l'agriculture qui, elle, réclame déjà des habitudes de sédentaires. L'archéologie a démontré le contraire : c'est d'abord le végétal qui a été domestiqué, avant l'animal. Toutefois les chronologies font encore débat. Au Proche-Orient, c'est au cours du neuvième millénaire avant notre ère que s'accélèrent les manipulations qui déboucheront sur les domestications définitives, végétale ou animale.

Cela se produit partout ?

Au Proche-Orient, en Asie, ainsi qu'en Amérique en tout cas. Quant à l'Afrique, on en discute encore. On a relevé des peintures rupestres de bœufs domestiques antérieures à la découverte du mil et du sorgho, ce qui pourrait suggérer que, sur ce continent-là, la domestication animale aurait précédé la végétale. À moins que ces bœufs africains aient été importés du Proche-Orient par le Nil..

Un jour, donc, dans quelques foyers précurseurs, un individu plus malin que les autres plante une graine et déclenche la révolution.

C'est l'image mythique de nos origines : un homme – peut-être bien une femme d'ailleurs, plus observatrice des mystères de la botanique – aurait un jour enfoui la graine miraculeuse d'où est sorti le premier blé... La réalité a certainement été plus compliquée. On est passé du sauvage au domestique d'une manière plus progressive, plus inconsciente.

Sait-on comment ?

Les chasseurs-cueilleurs ont sans doute commencé par cueillir des céréales sauvages et les ont intégrées à leur régime alimentaire. Et puis il est possible que l'homme, ou la femme, voyant des graines s'ensemencer naturellement et se reproduire, ait tout simplement voulu imiter ce processus naturel. Mais semer ne donne pas pour autant un produit domestique. Ce n'est qu'au bout d'un certain temps, à force de sélections réalisées un peu au hasard (en favorisant certains mutants, en replantant ceux-ci sur des terres vierges), que les humains ont favorisé le développement d'une variété particulière. Celle-ci a pris une morphologie domestique que l'on peut retrouver aujourd'hui.

La parole du foyer

Ce qui semble extraordinaire, c'est que l'on puisse obtenir des renseignements aussi précis sur la culture des plantes il y a 10 000 ans !

Ce sont les botanistes qui, dès le siècle dernier, ont étudié la répartition des variétés sauvages sur la planète et sont parvenus à retrouver les aires d'origine des principales céréales. Ils en ont déduit que l'orge et le blé avaient été cultivés pour la première fois au Proche-Orient. Plus tard, grâce aux graines retrouvées sur les sites, l'archéologie, qui a considérablement progressé après la Seconde Guerre mondiale, a confirmé les présomptions des botanistes sur la géographie des domestications végétales.

Qu'a-t-elle apporté de nouveau ?

Elle a compris qu'il ne fallait pas se contenter d'analyser les objets, les pierres, les poteries comme on le faisait autrefois, mais aussi les pollens, les semences, les charbons de bois fossiles, les restes animaux... On peut ainsi reconstituer non seulement le paysage environnant, mais toute l'économie d'un site. Le moindre détail est un indice.

Par exemple ?

Les restes d'un feu de bois nous disent quelles espèces d'arbres peuplaient la région, les vestiges osseux ou végétaux nous indiquent ce qui a été mangé sur le site et nous renseignent sur les espèces animales et les plantes consommées... L'examen au microscope électronique d'un sol nous dit s'il était consacré à l'agriculture ou à l'élevage ; l'étude chimique des sédiments nous montre ce que l'archéologue ne peut voir : telle cavité, que l'on jugeait sans intérêt, se révèle une ancienne bergerie...

Le passé est cerné

C'est un vrai travail de détective...

Oui. À Font-Juvénal, en Languedoc, le menu des rapaces, décortiqué avec les techniques modernes, a montré comment la chênaie avait été déboisée : on y a discerné la progression des oiseaux d'espaces ouverts, l'ascension des insectivores de milieux ensoleillés, l'apparition des campagnols des champs... Et puis, bien sûr, certaines méthodes de datation nous permettent de dater un vestige à l'année près : on peut dire que telle maison a été construite en 2742 avant J.-C. et abandonnée en −2738.

À l'année près ! Comment faites-vous ?

Les méthodes classiques avec le radiocarbone qu'a évoquées Jean Clottes nous donnent d'abord une date approximative. Ensuite nous affinons, grâce à une discipline en plein essor, la « dendrochronologie ».

Hou là ! Il faut nous expliquer.

On sait que les cernes du bois n'ont pas la même taille d'une année sur l'autre, car celle-ci dépend du climat. En observant les vieux arbres, les poutres des bâtiments médiévaux et antiques, les chercheurs ont établi un catalogue de référence qui donne la physionomie des cernes pour différentes espèces d'arbres, année après année, siècle après siècle. On a pu faire remonter cette « horloge » jusqu'à −4 000 ans, grâce aux *pinus aristata,* les plus vieux arbres de la planète qui se situent en Californie. Puis, par recoupement, le système a été vieilli jusqu'à −6 000 à −7 000 ans avant notre ère. Alors, quand on déterre un pieu carbonisé, on peut comparer ses cernes avec les références de ce catalogue et dater notre trouvaille à l'année près. Évidemment, pour cela, il faut du bois...

La contamination

Ce sont les mêmes méthodes qui ont permis de comprendre comment l'élevage était apparu ?

Là aussi, il est difficile de distinguer le sauvage du domestique. Les animaux à l'état naturel ont souvent un squelette plus robuste. Mais pour que l'on puisse observer un changement morphologique sur les os que l'on retrouve, il faut que la domestication soit déjà à un stade avancé.

Si ce n'est pas le cas, comment fait-on ?

On peut aussi obtenir quelques informations en étudiant le moment de la mort de l'animal : par des études statistiques, on connaît à peu près la longévité d'une espèce sauvage, et on sait à quel moment on tue généralement une espèce domestique pour se procurer la viande. La courbe des âges d'une population sauvage et d'une population domestique n'est pas identique. Mais les chasseurs du paléolithique ont parfois organisé des chasses sélectives, qui tuaient en masse les moutons sauvages, ce qui vient brouiller les pistes. Aussi, dans le Zagros, au Proche-Orient, on a eu tendance à vieillir le moment des premières domestications de caprins.

Conclusion : les principales espèces animales ont été elles aussi domestiquées au Proche-Orient, dans quelques lieux privilégiés, là où est née l'agriculture ?

Oui. D'abord les chèvres et les moutons, puis le bœuf et le porc, à partir de −8 000 et peut-être même avant. Cependant, nos ancêtres n'ont peut-être pas inventé l'élevage dans le seul but alimentaire, mais aussi pour disposer de bêtes de somme, ou simplement pour imposer leur domination sur le monde vivant. En tout cas, l'élevage et l'agriculture sont apparus à peu près dans les mêmes foyers. Et c'est notamment à partir du Proche-Orient qu'ils ont commencé à se diffuser et, d'une certaine manière, à contaminer l'Europe.

SCÈNE 2

La maîtrise de la nature

Les colons venus d'ailleurs apportent les germes du changement. Partout s'impose la nouvelle culture. Les hommes sauvages ont fait leur temps. Place aux conquérants, à ceux qui savent dompter la nature !

L'évangélisation de l'Europe

L'idée nouvelle, celle de la sédentarisation, de l'agriculture, de l'élevage, a éclos dans quelques foyers privilégiés. Partie du Proche-Orient, elle va contaminer l'Europe. Les deux premières colonisations humaines, racontées par André Langaney, étaient dejà venues de cette région. C'est donc toujours le Proche-Orient qui est le berceau de nos origines !

Le berceau de *nos* origines, mais pas des origines de toutes les civilisations. L'Occident, avec l'Europe et l'Amérique du Nord qui en est la projection, ainsi que d'une certaine manière l'Afrique, sont incontestablement débiteurs du Proche-Orient qui nous a donné nos racines. Mais les autres régions du monde ont mené elles-mêmes leur grande mutation.

En ce qui nous concerne en tout cas, la « modernité » nous est toujours venue de l'extérieur.

On a tenté, au cours des dernières décennies, de minimiser cet apport proche-oriental. C'est pourtant une réalité. Les premiers agriculteurs apparaissent en Europe vers −7 000 ans, et il est incontestable que nos régions ont été en quelque sorte « évangélisées » par la culture venue du Proche-Orient qui a apporté des connaissances, des savoir-faire, une économie, un nouveau cadre social.

C'est une forme de colonisation ?

Non. Chaque région touchée par cette nouveauté l'intègre à sa manière, avec ses propres traditions, ses croyances, ses habitudes. Elle développe sa propre identité. La première Europe va découvrir une économie importée, mais elle reste multiculturelle.

Des autochtones si tranquilles...

Il n'y a rien en Europe, avant l'arrivée des colons paysans, qui soit susceptible de déclencher spontanément le même phénomène ?

On ne le pense pas. Il n'y a pas de céréales, elles seront toutes importées. Pas d'élevage non plus. Il existe certes deux espèces domesticables, l'aurochs et le sanglier, mais les indices d'une domestication autochtone les concernant sont faibles. Et puis, il y a le chien...

Le chien ! Déjà domestiqué, celui-là !

Depuis longtemps ! L'animal, qui descendait d'une race de loup, accompagnait déjà les chasseurs du paléolithique. Il a sans doute aussi servi d'éboueur et... de nourriture : on en a trouvé trace dans des reliefs de repas sur des sites datant de −9 000 ans. Contrairement à ce que l'on peut penser, il n'y aura pas de chiens de berger avant le Moyen Âge. Le chien excepté, aucun animal n'est domestiqué en Europe à cette époque-là.

L'Europe, elle aussi, est affectée par le réchauffement du climat, sa faune et sa flore en sont perturbées...

Oui. Sur le territoire actuel de la France, les glaciers se sont effacés, la mer a regagné du terrain, le cycle de l'eau a repris. Alors, l'humidité revient, la végétation pousse, les étendues herbeuses se transforment en forêts, essentiellement des chênaies, qui deviennent bien denses vers −7 000 ans. De nombreuses espèces animales, adaptées aux climats froids, ont disparu – c'est le cas du mammouth – ou se sont exilées, comme le renne. D'autres réapparaissent en force : le cerf et le sanglier.

D'îles en îles

Et les hommes, les autochtones ?

Ils vivent encore comme leurs ancêtres, en nomades, s'arrêtant parfois quelque temps dans un camp de base. Ils habitent des huttes sommaires, s'abritent sous des excroissances rocheuses ou à l'entrée des grottes. Des tendances à la sédentarisation s'affirment quelquefois, au Portugal ou au Danemark par exemple... Ils chassent le cerf, le sanglier, le bœuf sauvage, le petit gibier ; ils pêchent dans les lacs et les rivières, collectent des escargots pendant les périodes de pluie et se nourrissent de plantes sauvages et peut-être aussi, dans le Midi de la France, de légumineuses sauvages.

Et puis voilà que, tout à coup, des individus venus d'ailleurs viennent bouleverser leur tranquillité.

Ces hommes-là sont détenteurs du nouveau savoir-faire, ils ont appris les recettes de l'agriculture, ils apportent des graines... Mais il ne faut pas imaginer qu'ils débarquent en force, directement du Proche-Orient. Il a bien fallu trois millénaires pour que la progression de cette culture aille du foyer initial jusqu'à l'Europe de l'Ouest.

De génération en génération...

Oui. Les enfants des enfants vont toujours plus loin, de la Palestine à l'Asie mineure, de l'Égée au Portugal. D'autres populations poussent jusqu'aux Balkans, suivent le Danube et parviennent à l'embouchure du Rhin. La France a ainsi été l'objet de deux conquêtes, la première par le Sud, la seconde par l'Est. Deux France s'esquissent déjà, l'une méditerranéenne, l'autre danubienne.

Les premiers colons viennent donc par la mer ?

La Méditerranée ne leur fait pas peur. Depuis la fin des temps paléolithiques, les hommes savent fabriquer des radeaux ou des bateaux sommaires. Souvent de longs troncs d'arbres évidés : on a découvert, aux Pays-Bas, les restes d'une pirogue vieille de 8 300 ans, fabriquée de cette manière. Peut-être aussi des barques composées de branchages et de peaux liées et cousues dont ils se servent pour naviguer le long des côtes et pour s'aventurer en mer...

Jusqu'au large ?

Ils voyagent d'îles en îles depuis longtemps. Dans un site du Péloponnèse, on a retrouvé des outils d'obsidienne, une roche volcanique inconnue dans ces régions : ses gîtes naturels se trouvent à Mélos, dans les Cyclades. Ce qui prouve que les hommes se rendaient déjà sur les îles méditerranéennes. À Chypre, leur présence est attestée vers −10 000 ans : ce sont des pêcheurs, des chasseurs d'oiseaux, des ramasseurs de coquillages.

Le choc des deux mondes

Vient le temps où ces Méditerranéens porteurs de la nouvelle culture rencontrent les autochtones qui, eux, vivent encore à l'ancienne.

Venant de l'Italie péninsulaire, les premiers colons s'installent, vers −6 000 ans, sur le pourtour ouest-méditerranéen. Ils connaissent la culture de l'orge et du blé, ils possèdent des moutons domestiques, des chèvres et des bœufs, et ils se trouvent face à des gens qui vivent encore dans la forêt de chênes en chassant des sangliers et en cueillant des plantes sauvages.

Un choc frontal, brutal ?

Qui sait ? Peut-être les deux univers trouvent-ils un mode de conciliation. Il est probable que les chasseurs-cueilleurs, séduits par le nouveau mode de vie, l'adoptent assez rapidement. Et qu'en échange ils initient les nouveaux venus à leur environnement, ils leur font connaître les gîtes de silex par exemple, découvrir les potentialités locales...

Nos ancêtres européens se convertissent, en quelque sorte.

On ne sait pas s'ils étaient plus nombreux que les immigrants ou l'inverse. Tout dépend des régions : certaines bénéficiaient d'une population dense et active, comme les littoraux. D'autres, plus forestières, étaient peu peuplées. En France du Sud et en Espagne, l'agriculture n'a pas d'emblée mis un point final à la mobilité, celle-ci étant favorisée d'ailleurs par l'élevage des caprins.

Mais ce sont les modernes qui finissent par l'emporter.

Ils s'imposent, car leur économie, en définitive, est plus performante. Pour eux, la richesse, c'est la terre, celle que l'on peut cultiver ou sur laquelle on peut faire paître des animaux. Petit à petit, ils essaiment et colonisent les régions intérieures.

Le front pionnier

C'est une véritable révolution culturelle qui s'engage alors. Comment se déroule-t-elle ?

On peut parler d'un « front pionnier » qui, en quelques générations, progresse sur tout le territoire européen. Dans le Sud-Est, un certain style de vie méditerranéen s'impose dès −7 000 ans. On édifie des villages, et on les reconstruit toujours sur les mêmes sites au fil des siècles. Les maisons, en bois ou en torchis, ont parfois des assises de pierre.

Pendant ce temps, l'autre vague de colons arrive par le Danube.

Au-delà des Balkans, ces pionniers se trouvent devant un milieu écologique fondamentalement différent. Ils sont donc contraints, en Europe tempérée, d'inventer une nouvelle culture adaptée à ce contexte. Ils vont élever surtout des bovins, qui conviennent mieux à ce milieu que le mouton méditerranéen. Ils construisent de grandes fermes allongées en forme de grange – dix à cinquante mètres de long – avec des parois en bois et en torchis, un toit de chaume ou de végétaux, et des plates-formes servant de grenier. Ce modèle va être reproduit de manière systématique jusqu'au Bassin parisien. Cette vague-là arrive en France un peu plus tard (vers −5 500 ans), en passant le Rhin. Partout, le mode de vie paysan remplace celui des chasseurs-cueilleurs.

À l'assaut de la forêt

Mais tous ces territoires sont couverts d'une forêt dense. Il faut donc défricher...

La forêt naturelle commence en effet à être trouée de toutes parts par les nouveaux venus qui défrichent à la hache ou par le feu. Là où ils ne peuvent cultiver, dans les zones de rocaille, ils élèvent leurs troupeaux. Ils s'adaptent donc à l'écologie des différents lieux. Et, rapidement, ils transforment le paysage. La forêt est mitée par des clairières, le phénomène gagne.

Ils sont installés durablement, cette fois ?

Pour certains chercheurs, les premiers colons de l'Europe tempérée pratiquaient une forme d'agriculture itinérante. Sur les bords du Danube, par exemple, les paysans s'implantent dans des petits ensembles de quelques habitations, défrichant la forêt alentour. Mais les sols, qui évidemment ne bénéficient pas d'engrais, s'appauvrissent très vite. Au bout de quelques années, les paysans se seraient installés un peu plus loin, et ainsi de suite... Il y aurait ainsi une sorte de front porteur de la révolution paysanne, qui aurait rapidement progressé en Europe. C'est une vieille hypothèse.

Il y en a d'autres ?

Pour d'autres spécialistes, les tout premiers agriculteurs seraient restés aux mêmes endroits pendant des siècles. Ils auraient habité des vallées, des aires humides au bord des rivières ou des clairières naturelles, parce qu'ils n'avaient pas les moyens d'abattre la forêt ou de la brûler suffisamment, et se seraient contentés d'une petite horticulture. Ce n'est que plus tard, grâce au plus large usage de la hache de pierre polie, qu'ils auraient pu déboiser la forêt de manière plus intense et conquérir les plateaux... Pour l'instant, on ne peut pas trancher.

Le village, centre du monde

Quelle que soit la méthode utilisée, on imagine que ces colons frénétiques transforment vite le paysage.

Oui. Dans le sud de la France, les premières grandes localités agricoles voient le jour au cours du cinquième millénaire avant notre ère. Dans le même temps, on tente déjà d'exploiter, en fonction des possibilités, toutes les niches écologiques : en montagne, dans les Alpes et les Pyrénées par exemple, on conduit les troupeaux vers les pâturages d'altitude. Dans le Midi, l'élevage des caprins sera l'un des facteurs essentiels de l'ouverture du milieu et de l'érosion des sols. On n'abandonne pas pour autant la chasse et la cueillette.

On garde ces activités pour le plaisir ?

Plutôt parce que l'on a besoin de sauvage. Dans certaines régions, on ne se contente pas d'introduire des animaux domestiques, on va jusqu'à importer des animaux sauvages – le cerf en Sardaigne et en Corse, le daim à Chypre –, dans le seul but de les chasser ! Le nouveau monde n'a pas perdu la mémoire de son passé. Il tient à préserver sa part de nature. Le sauvage est entretenu, réinventé et célébré.

Devenus sédentaires, les hommes ne perçoivent sans doute plus le monde de la même manière.

Autrefois, l'univers des chasseurs-cueilleurs était constitué de populations très peu nombreuses et dispersées. La vie était fondée sur la mobilité. On se déplaçait, on échangeait, on partait, on revenait... Cette fois, le village devient le centre du monde et, très tôt, les différentes communautés ont tendance à se fédérer, à passer des alliances, à s'intégrer dans une unité supérieure. La structure des futures sociétés est déjà en train de s'esquisser.

La nature s'humanise

Tout ce petit monde ne cesse de communiquer ?

Oui. Les paysans ne vivent pas en autarcie dans leur territoire. Dès le début, ils créent des pistes dans la forêt, aménagent des terrains de parcours, ouvrent sans cesse de nouveaux champs, entretiennent voire multiplient les contacts avec les communautés voisines et plus lointaines. Les vestiges importés témoignent de ces relations : en Languedoc, des haches polies viennent du Piémont, des silex de la vallée du Rhône, des obsidiennes des îles Lipari ! Preuve que, dès le début de ce nouvel âge, les différentes communautés ont été irriguées par des circuits de distribution.

En combien de temps ce grand changement a-t-il été mené à son terme ?

En deux ou trois millénaires, l'action de l'homme a été déterminante. La forêt méridionale a laissé place à des taillis, à des buxacées, peut-être localement à des garrigues. Elle repousse, certes, mais l'homme ne cesse de la transformer, au gré de ses besoins en bois ou en espaces ouverts. Et partout où les hommes s'installent, le paysage se modifie, le milieu sauvage régresse, l'environnement change. La nature s'humanise.

Retraites momentanées

L'idée du néolithique, son mode de vie, s'impose ainsi partout, de manière irréversible, sans qu'il y ait des poches de résistance ?

Il y a bien quelques régressions du front pionnier sous l'effet des contraintes naturelles. Dans le Jura, par exemple, après les premières traces de sédentarisation, la forêt regagne. Puis l'homme revient. La forêt reprend ensuite du terrain... En montagne, on observe des avancées du front agricole, puis des reculs qui sont probablement influencés par de sensibles variations climatiques : ne pouvant plus cultiver, l'homme a battu en retraite.

On ne peut pas s'empêcher de vous poser la grande question : comment savez-vous tout cela ?

En prélevant un échantillon des différentes couches de sédiments, il nous est possible d'examiner au microscope les pollens émis par les plantes, les arbres, les herbes... Si on constate par exemple que dans telle couche, qui correspond à telle période, le chêne représente 95 % de la matière végétale, l'herbe 5 %, et que la couche suivante ne possède plus que 20 % de chênes, on peut flairer le passage de l'homme entre-temps. Quand on a défriché, des plantes parasites des cultures ou des plantes indicatrices de milieux déforestés sont apparues, et nous pouvons plus tard en retrouver les pollens. Toute activité humaine laisse des traces. Et on peut aisément lire, dans le sol, les aventures de nos ancêtres.

La houe et la roue

Cette vaste conquête de la nature est rendue possible par le progrès des techniques. Les hommes n'accomplissent pas tous ces grands travaux avec la hache de pierre millénaire...

À l'époque des dernières civilisations de chasseurs-cueilleurs, les outils de chasse et de pêche étaient miniatures : de toutes petites pointes aux formes géométriques, montées sur des manches de bois ou utilisées comme têtes de flèches. Car l'arc avait déjà fait son apparition. Avec le néolithique et la technique du polissage, la hache de pierre s'impose pour la déforestation. Arrivent aussi les outils rudimentaires de l'agriculture : le bâton à fouir pour semer ou briser les mottes, et surtout la houe pour travailler la terre. Grâce à elle, on prépare le sol avant les semailles et on le nettoie des mauvaises herbes, à condition bien sûr que la terre soit assez meuble. Souvent même, on se contente d'un simple semis superficiel sur un brûlis de forêt.

Et si elle ne l'est pas ?

On change d'endroit et on va cultiver plus loin. Il faudra attendre −4 000 ans avant notre ère pour passer à une technique plus efficace : l'araire, premier instrument tracté, sorte d'ancêtre de la charrue, permettra de tracer les sillons et de recouvrir les semences. Avec la houe, il restera longtemps l'outil principal des paléoagriculteurs. Puis, à la même époque, la roue sera inventée en Mésopotamie. Pleine et massive, ou réalisée par assujettissement de trois éléments, elle gagnera rapidement l'Europe.

On a en tête la découverte de la poterie. Est-elle aussi le fruit de cette grande révolution intellectuelle ?

Justement non. Contrairement à ce que l'on croit, son apparition n'est pas liée à cette période. Ce sont les hommes du vieux monde paléolithique, en Extrême-Orient, qui l'auraient inventée les premiers, vers −14 000 ans : il s'agit de céramiques à fond pointu qui devaient servir au stockage de la viande fumée, du poisson, des fruits...

Pour une fois, le pionnier n'est pas le Proche-Orient !

Le Proche-Orient, pourtant le premier foyer agricole du monde, s'initiera à la poterie plus tard, vers −7 000 ans. À partir de ce moment-là, la céramique va accompagner la colonisation dont nous avons parlé, en Méditerranée et en Europe : on trouve la trace des premiers potiers français vers −6 000 ans, dans le Sud ; ils nous ont laissé des bols, des marmites, des cruches parfois richement décorés.

Les bonnes mines

Et le métal ? On se doute qu'il va lui aussi révolutionner les modes de vie.

Les premières manipulations ont lieu vers −7 000 ans en Turquie, peut-être même plus tôt en Irak et en Iran. De cette époque-là, on a retrouvé des petits objets de plomb ou de cuivre martelés, aplatis, perforés pour en faire des perles. Puis, rapidement, les humains découvrent la technique du grillage, qui permet de tirer le métal du minerai. On va ainsi s'essayer à la fonte du cuivre le long du bas Danube et, dans les Balkans, on exploite vers −5 000 ans des mines qui fournissent des outils lourds, telles des lames d'herminette, qui seront ensuite exportés vers d'autres régions ou stockés.

Il y a donc des richesses, des échanges ?

Oui. Déjà au paléolithique, on échangeait des coquillages, des silex que l'on apportait parfois de très loin. Ces échanges se multiplient au néolithique, car les agglomérations agricoles sont irriguées par de nombreux courants de communication. Certaines communautés, bien qu'installées sur des terres agricoles fertiles, ne disposent pas forcément de gisements de bonnes roches à proximité pour fabriquer leurs outils. Elles doivent donc importer leurs haches polies ou leurs instruments de silex.

Prémices économiques

Il ne s'agit pas encore de commerce. Quel type de transaction passe-t-on ?

Il n'y a pas de monnaie, pas de valeur commune pour fixer le poids des échanges. On se transmet les objets dans des réseaux de parenté, d'alliance, de voisinage... Ces relations sociales fonctionnent sur le principe de la réciprocité : un don entraîne un autre don. Le seul bénéfice qu'on en tire est moral. Plus l'objet est rare, plus il vient de loin, et plus il est important. En recevant un poignard de silex ou de cuivre d'une lointaine provenance, on contracte en quelque sorte une dette dont on se libérera plus tard.

Y avait-il quand même des individus spécialisés dans l'échange, déjà une esquisse de division du travail ?

Prenons l'exemple du Midi de la France. Au cinquième millénaire, on trouve, dans la basse vallée du Rhône, un silex blond, de très bonne qualité, d'où on extrait, après l'avoir chauffé, des lames bien régulières qui servaient de couteaux. Mais l'obtention des lamelles constitue un travail de spécialiste qui n'est pas à la portée de n'importe qui. De la Provence aux Causses et aux Pyrénées, on a retrouvé les petits blocs de silex avec lesquels on fabriquait ces lames.

Qu'en déduisez-vous ?

Les artisans eux-mêmes se sont déplacés avec ces petits blocs, ils fabriquaient le produit fini sur place. Ils devaient bénéficier d'un statut particulier vis-à-vis des autres membres de la communauté. L'économie de ces sociétés-là n'était pas fondée sur le profit, mais sur la reconnaissance sociale.

Le pouvoir de l'inutile

Certaines personnes exercent donc une forme de pouvoir ?

Il y a sans doute des commanditaires, des gens qui détiennent une forme de pouvoir et le signifient. Pour cela, ils font fabriquer des objets de métal par des forgerons, ou des objets en pierre exotique par des artisans spécialisés. Ces pièces deviennent des emblèmes, des signes de privilège, des marqueurs sociaux.

Tous ces objets n'ont pas d'usage.

Ils sont absolument inutiles : ce sont des colliers, des parures, des armes parfois... Ceux que l'on a retrouvés dans une grotte à Ṃishmar, en Palestine, datent du quatrième millénaire et sont extrêmement sophistiqués : couronnes décorées d'animaux, sceptres, récipients en cuivre... Pour les fabriquer, on a utilisé la technique de la cire perdue : on modèle la forme de l'objet avec de la cire, on l'enveloppe d'une chape d'argile, et, par un trou, on fait couler le métal en fusion qui prend la place de la cire. Puis on brise l'argile pour obtenir la pièce de métal...

Un vrai travail d'artiste !

Absolument. Ces opérations sont menées avec un savoir-faire hors pair et exploitent un métal très rare. Tout cela pour produire des objets qui n'ont pas la moindre application pratique, mais que l'on peut thésauriser, exposer pour affirmer sa puissance. Des trésors, dans toute l'acception du terme, qui marquent la naissance du pouvoir.

Le pouvoir naît de l'inutile, et non pas des besoins...

Il s'affirme par l'inutile. Dès sa découverte, le métal a deux fonctions : pratique, mais surtout emblématique, et notamment l'or, dont on ne peut faire que des bijoux. Le métal n'est que partiellement utilisé au quotidien ; par contre, on le met dans les tombes. Ce qui signifie qu'on accepte de perdre ce que l'on avait de plus rare et de plus cher. On le voue à l'ancêtre. D'emblée, le métal n'est pas dans le « marché », il est dans l'éternité.

D'une certaine manière, ce sont les techniques qui ont porté non seulement l'économie, mais toute la symbolique qui l'accompagne, et les relations de pouvoir qui ont suivi.

Toutes ces inventions, araire, attelage, roue, métal, vont s'accompagner d'échanges continus et de transformations sociales profondes. Impossible de savoir si les techniques ont suscité l'apparition des hiérarchies ou si, au contraire, celles-ci, déjà en germe, ont contribué à faire émerger l'innovation. L'économique a-t-il engendré le social ? Est-ce l'inverse ? Toujours est-il qu'au cours de cette période les deux s'aiguillonnent. Et cette société de production naissante va se constituer en un système social de plus en plus pyramidal.

SCÈNE 3

L'homme domestiqué

Sédentaires, paysans, les humains se regardent d'un nouvel œil. Ils se donnent des chefs et des experts, inventent la séparation des tâches, le travail, la hiérarchie. La civilisation est en route. L'âge d'or est fini.

L'animal social

C'est une drôle de tuile qui tombe sur la tête des premiers sédentaires. Ils croient s'être affranchis de la nature en inventant l'élevage et l'agriculture, et voilà qu'ils se trouvent contraints d'organiser, de réglementer leur société, bref de se plier à la tyrannie du pouvoir.

L'homme est un animal social. Il est probable que le pouvoir avait déjà commencé à se manifester avant cette période, sous des formes occasionnelles. Au paléolithique, quand les petites bandes de nomades, composées de vingt ou trente personnes, se réunissaient à l'occasion d'une grande chasse, par exemple, il fallait bien désigner un responsable. Bien sûr, l'autorité de celui-ci était temporaire, et elle se terminait quand les petits groupes se dispersaient. La société humaine était très fluide en ces temps-là, le pouvoir l'était également.

Mais avec les sédentaires, qui s'enracinent durablement dans un terroir, on passe aux choses sérieuses. Puisque la société se fait plus lourde, on imagine que le pouvoir le devient aussi.

Oui. Les humains doivent maintenant gérer des communautés plus importantes ; il leur faut édicter des règles et les faire observer. Le pouvoir est-il accaparé par les plus forts ou par ceux qui manient le mieux la parole ? Est-il délégué d'emblée par la communauté à ceux qui ont le plus de charisme ? Là encore, les choses se mettent en place graduellement. Les habitants des premiers hameaux ne sont pas très nombreux, quelques familles tout au plus, et ils peuvent prendre les grandes décisions de manière collégiale.

De l'autorité au pouvoir

Dans les premiers villages il n'y a donc pas encore de hiérarchies ?

Les premières sociétés sédentaires ont peu de motifs de développer des inégalités profondes. Chaque unité familiale peut participer à la vie collective, à la bonne marche de la communauté. L'autorité est purement charismatique. Certaines personnes ont une aura, des réseaux d'alliance plus larges que les autres ; elles reçoivent des dons à plus large échelle. Mais cette autorité est, semble-t-il, fluctuante. Elles peuvent la perdre, rentrer dans le rang, si elles ont épuisé leurs échanges ou leurs largesses.

Et quand la population augmente encore...

Il faut alors gérer ces pulsions. Soit la communauté se scinde, une partie de ses membres émigre pour fonder un autre village, et dans ce cas le même système subsiste. Soit il devient nécessaire de trouver d'autres formes de pouvoir pour régler les problèmes internes et les conflits qui se multiplient.

Et voilà comment on a inventé la hiérarchie !

Petit à petit, on arrive à des formes de délégations, et on passe de l'autorité au pouvoir. Une pyramide sociale se met insensiblement en place... Le pouvoir peut prendre très tôt des profils divers : le gestionnaire du politique ou de l'économique, l'artisan compétent, le maître du spirituel et des relations avec le surnaturel... Par ailleurs, la sédentarité crée des richesses. Les surplus agricoles permettent de libérer une fraction de la population pour la recherche technique, artisanale, ou les activités de gestion. Aujourd'hui, on parlerait des secteurs secondaire et tertiaire...

Les premiers petits chefs

Peut-on dire que le pouvoir naît de la sédentarisation ?

Oui. On va passer des bandes de chasseurs, qui ne se donnent que des meneurs temporaires, aux premières communautés villageoises, puis aux chefferies qui fondent des sociétés inégalitaires. De là à l'État, il n'y aura qu'un pas, vite franchi... C'est du moins la vision évolutionniste la plus courante qui est proposée sur cette période. On peut aussi penser que la notion de pouvoir est apparue plus tôt, dès le premier village : la gestion des premières agglomérations, même réduites, a pu nécessiter d'emblée une certaine répartition des tâches et des différences de statuts. À partir de ce moment-là, la société se structure de plus en plus, les pouvoirs ne cessent de se conforter. Et ceux qui les détiennent sont inévitablement tentés de les confisquer définitivement pour les transmettre à leurs héritiers.

Le pouvoir héréditaire a donc été inventé au néolithique ?

Parce qu'il se sait mortel, parce qu'il tire des avantages de sa position, celui qui détient le pouvoir a évidemment tendance à le transmettre à l'un de ses descendants. Et on voit apparaître des « clans » qui entretiennent le culte des ancêtres fondateurs.

Pourquoi un tel culte ?

Parce qu'il permet notamment de justifier le pouvoir. Quand on dispose d'un terroir qui a été vivifié par le travail, l'effort, la souffrance de ses ancêtres, il est normal de les glorifier en les enterrant dans des tombeaux prestigieux et en leur vouant un culte. Ce faisant, on en tire soi-même du prestige, on assoit son propre pouvoir. La cohésion du village se fonde alors autour de la lignée des fondateurs. Les morts servent à entretenir le pouvoir de certains vivants.

Comment sait-on tout cela ?

Par les tombes, justement : ce sont les meilleurs indicateurs que nous pouvons trouver. Elles nous montrent qu'à cette époque le culte des ascendants est un phénomène général. En étudiant les sépultures, on peut lire les différences sociales, distinguer les privilégiés des gens du commun, deviner les dénivelés entre les membres de la communauté.

Les morts inégaux

Si la mort consolide l'unité du village, elle conforte aussi les premières divisions sociales...

Oui. Au néolithique, enterrer les morts devient une pratique courante. La civilisation néolithique européenne venue du Danube connaît déjà de véritables nécropoles.

Tout le monde, désormais, a droit à une sépulture ?

Justement, non. Si on évalue la population des villages, on s'aperçoit qu'on ne retrouve, dans ces nécropoles, qu'une partie de la communauté. Les autres membres ont peut-être été incinérés. Ou abandonnés sans sépulture. Dans les tombes sont enterrés des sujets sélectionnés, les meilleurs chasseurs, les meilleurs tribuns, qui sait ? Les rites funéraires nous échappent. Mais ils révèlent en tout cas des différences de traitement social.

Par exemple ?

On a découvert dans des tombes des enfants gratifiés de mobiliers « coûteux », ce qui prouve que le privilège vient de la naissance : un enfant n'a pas le temps de s'imposer dans la communauté par ses qualités physiques, intellectuelles ou charismatiques. Dans l'Armorique du cinquième millénaire avant notre ère, les personnages les plus en vue bénéficient d'imposantes tombes tumulaires. Peu après, les mégalithes, ces gigantesques tombeaux de pierre, s'inscrivent aussi dans ce même esprit de l'affirmation d'un certain pouvoir.

La pratique des mégalithes a, elle aussi, été importée du Proche-Orient ?

On a cru un moment qu'il y avait eu un peuple des dolmens, missionnaire d'une religion mégalithique (« la grosse pierre », en grec) qui serait venu de Méditerranée orientale. C'est faux. Le concept du mégalithe n'est pas né au Proche-Orient. Il est propre à certaines régions, à un moment de leur évolution, et n'apparaît pas aux mêmes époques dans le Caucase, à Malte, en Afrique du Nord ou en Armorique...

La mode mégalithique

On songe évidemment aux fameux dolmens bretons...

La datation au radiocarbone l'a montré, ceux-ci sont plus anciens que ceux d'Israël, de Jordanie ou de Syrie. C'étaient des sépultures collectives avec une chambre funéraire à laquelle on accédait par un couloir et qui étaient à l'origine recouvertes d'un tertre. Il n'en reste souvent aujourd'hui que les tables de pierre constituées d'énormes blocs, la charpente en quelque sorte.

Rien à voir donc, avec les Celtes ?

Non ! Contrairement aux idées reçues, les dolmens sont bien antérieurs à l'arrivée des Celtes et ils n'ont rien à faire avec la culture celtique : ces fadaises ont été inventées par la « celtomanie » qui a sévi au XVIIIe et au XIXe siècle. Les dolmens sont des tombeaux préhistoriques, et on en trouve davantage dans le Midi de la France qu'en Bretagne !

Et tout le monde sait qu'il ne faut pas les confondre avec les menhirs. Quelle est vraiment la différence ?

Les menhirs, ces pierres plantées, dressées vers le ciel, ne sont pas des vestiges de tombeaux, mais des stèles, des bornes, des monuments commémoratifs, des lieux où on venait consulter l'oracle. Dans le cas des alignements de Carnac en Bretagne, on a parlé de systèmes de visée astronomique. Mais ce n'est qu'une hypothèse. Certains menhirs décorés d'Armorique sont antérieurs aux dolmens, d'autres leur sont contemporains, d'autres enfin sont sans doute plus récents...

Pourquoi les dolmens étaient-ils aussi volumineux ?

Sans doute pour manifester un sens de l'éternité, une volonté de s'inscrire dans le temps. Mais ils traduisent aussi l'esprit de compétition qui sévit à l'époque. Ce sont des démonstrations de puissance : on marque son territoire pour qu'il soit incontesté, on le balise. C'est ainsi que, par les sépultures, le paysage se structure et se socialise.

La terre et le taureau

Les premiers villageois n'ont sans doute plus les mêmes croyances que leurs ancêtres du paléolithique. Jean Clottes le suggérait, on ne voue pas un culte à des animaux que l'on mène à l'étable.

Il est probable que les peuples se diversifiant dans les différentes parties du monde, ils se donnent des religions qui leur sont propres. Les divinités d'alors ne sont pas interchangeables. Au Proche-Orient, par exemple, on trouve de nombreuses figurations de femmes charnues et de bovidés, qui avaient sans doute une signification religieuse.

Laquelle ?

On peut imaginer que le taureau représente un substitut de l'homme, la force, la virilité ; et que la femme symbolise la terre, la fécondité. On remarque souvent cette dualité : le taureau assimilé à l'orage, au ciel, qui féconde la terre avec la foudre ; la femme étant la terre, la génitrice, celle qui donne la vie aux plantes et aux êtres. Mais la peinture d'un bœuf datant de −7 000 ans en Anatolie a-t-elle la même signification que celle trouvée dans les tombes de Sardaigne datant de −4 000 ans ? Rien n'est moins sûr. Là, ce peut être une source de vie. Ici, l'esprit de la mort.

Il n'y a donc pas de religion commune, qui serait venue du Proche-Orient avec la révolution néolithique ?

Peut-être y a-t-il eu un fonds spirituel commun aux premiers paysans d'Europe... Mais chaque civilisation a fabriqué ses propres schémas religieux et culturels. Aux débuts de la civilisation agraire, en Anatolie par exemple, dès que le village apparaît, le sanctuaire est là. Dans certains villages, on a ainsi découvert des crânes qui évoquent des sacrifices.

Des sacrifices humains ?

Peut-être. Sur certains sites ouest-méditerranéens, on a même consommé des individus : des ossements humains et animaux ont connu le même sort. S'agit-il d'un cannibalisme exclusivement alimentaire ? Ou était-il lié à un rite, destiné à s'approprier la force d'un ennemi ou à s'attirer les grâces d'une divinité ? Peut-être s'agit-il de sujets sacrifiés, leur ingestion étant un simple rite funéraire, une façon particulière de traiter le corps des défunts.

La femme fertile

L'agriculture, omniprésente, devait aussi imprégner les cultes et les traditions.

Les cultes sont essentiellement agraires. Ces sociétés s'affranchissent d'une certaine manière de la nature, mais elles en deviennent dépendantes d'une autre façon : elles sont désormais tributaires de la pluie, du soleil... Il y a des périodes de disette, des épidémies, et il est probable que l'on implorait des divinités pour que l'eau tombe, que les plantes poussent et que l'on puisse se nourrir.

Les dieux du moment sont toujours utilitaires.

En partie tout au moins. Car l'objectif des religions, c est de s'évader du quotidien et de l'utilitaire pour penser le monde et les forces qui le régissent. Sans doute perçoit-on surtout celui-ci sous son aspect cyclique : la naissance, la vie, la mort des hommes ; la naissance, la vie, la mort de la plante et son renouveau au printemps suivant... Les statuettes de cette période symbolisent ce monde cyclique qu'il faut régénérer sans cesse.

Que représentent-elles ?

Il y a par exemple des figurations féminines, dans la position de l'accouchement, avec la tête de l'enfant qui apparaît entre les jambes (−7 000 ans). C'est le don de la vie. Mais, en guise de partenaire masculin, il n'y a que des têtes de taureau. On connaît aussi des statuettes de femmes charnues, tenant dans les bras un petit personnage. Est-ce un enfant (signe de création) ou un partenaire masculin (symbole de régénération) ? Celui-ci occupe en tout cas une position secondaire.

Il s'agit donc essentiellement de personnages féminins.

Souvent... Les figurines, généralement très rondes, illustrent ce thème de la bonne santé et de la fécondité. Nombre de cultes ont ainsi été symbolisés par la femme : c'est celle qui donne la vie, de la même façon que la terre donne la plante. On le voit au Proche-Orient, la déesse mère ne peut faire pousser la plante que si elle s'accouple à un partenaire mâle qui la fertilise. Dès cette époque, l'agriculture est un geste sexuel. En revanche, on trouve moins de statuettes de ce style dans le nord de l'Europe. Sans doute les cultes s'exprimaient-ils ici d'une autre manière.

En tout cas, la fécondité, est à l'évidence le symbole dominant de cette période.

Oui. Une petite statuette vieille de plus de 7 000 ans, retrouvée dans un site d'Italie du Nord, dans la vallée de l'Adige, symbolise pour moi toute l'idéologie néolithique : c'est une femme à la large poitrine, au bassin couvert d'un ocre sang, au sexe ouvert pour laisser sortir une plante. La femme qui donne la vie végétale, avec le sang de la régénération... Tout le néolithique est là. Mais d'autres concepts religieux devaient aussi exister. Les croyances ont dû par ailleurs se modifier au fil des millénaires.

L'art, qui s'exprimait avant cette période sur les rochers et dans les grottes, suit-il aussi la même symbolique ?

La plupart des peintures de cette époque ne représentent pas des scènes agraires comme on pourrait s'y attendre, mais des épisodes de chasse. Et puis, comme le montre bien le site de Porto Badisco en Italie, l'art devient plus symbolique, abstrait, avec des soleils, des volutes, des croix, des spirales... Comme si on était passé à une vision plus intellectuelle, plus ésotérique de l'art, désormais incompréhensible sans une initiation élémentaire.

La famille provisoire

Que sait-on sur la famille de cette époque-là ? Vivait-on en couples dans les premières communautés agraires ?

Certains prétendent que la famille nucléaire – l'homme, la femme, l'enfant – constituait déjà l'élément de base des sociétés paléolithiques les plus anciennes. Pour d'autres au contraire, tout aurait commencé dans une sorte de promiscuité générale. Personne ne peut le dire. Il est probable qu'au paléolithique la notion de famille n'était que provisoire, temporaire, l'enfant pouvant être pris en charge autant par le groupe que par ses parents. Mais il est certain qu'avec la sédentarisation elle s'est cristallisée.

L'organisation des premiers villages, la disposition des pièces dans les maisons ne peuvent pas nous éclairer ?

Les maisons néolithiques varient en volume selon les cultures et le temps. En Europe du Sud-Est, certaines habitations sont petites et paraissent conçues pour trois à cinq personnes. Mais peut-être en abritaient-elles davantage ? Les ethnologues connaissent des exemples où les gens vivent dehors et s'entassent la nuit pour dormir dans une petite case. Les grandes habitations du néolithique danubien sont-elles occupées par des familles élargies, avec les frères de la femme, les cousins ? À l'évidence, certaines sépultures nous le disent, le couple existe. Mais la polygamie est également possible. Il ne faut pas oublier que les sociétés humaines sont déjà, à ce moment, très diversifiées et qu'il n'y a sans doute pas de modèle de parenté universel.

La femme-fécondité, disiez-vous. L'homme-taureau, toujours chasseur... Cela suggère un rapport inégalitaire entre les sexes.

On entend souvent dire qu'au temps des chasseurs l'homme chasse, la femme cueille. Bloquée par les grossesses et les enfants, elle traduit la tranquillité, la sédentarité. L'homme, lui, représente la mobilité, l'action... Ce sont des clichés. Il est évident qu'au temps des sédentaires l'homme, coincé par les contraintes agricoles et les troupeaux, n'a que partiellement le temps de chasser, alors que la femme peut s'occuper du travail des champs. Elle est davantage liée au végétal, l'homme plutôt à l'animal. Mais il ne faut pas généraliser. En étudiant les articulations et les os de certains squelettes sur le site d'Abu Hureyra, en Syrie, on s'est rendu compte que leurs « propriétaires » étaient restés longtemps accroupis, occupés à broyer les grains sur des meules pour obtenir de la farine. Eh bien, pour accomplir ces tâches ménagères, il y avait autant d'hommes que de femmes !

Pouvoir mâle, pouvoir féminin

Sait-on qui, des hommes et des femmes, détient plutôt le pouvoir ?

La sédentarisation, l'agriculture, valorisent les femmes, éléments stables du système social. On a dit qu'elles exerçaient même une forme de matriarcat... Les anthropologues sont assez réticents sur ce point : dans la plupart des sociétés de chasseurs-cueilleurs que l'on a pu étudier, ce sont les hommes qui détiennent le pouvoir... Les représentations caractéristiques du néolithique représentent la femme comme une source de vie, mais cela ne signifie pas qu'elle disposait du pouvoir social.

Les fameuses sépultures n'indiquent rien sur ces rapports délicats entre les deux sexes ?

Ce sont souvent des hommes qui apparaissent en situation de domination. Dans le Latium, dans une tombe en hypogée datant de −3 000 ans, on a découvert un personnage masculin installé en majesté, avec son carquois, son assiette, son bol, son poignard et, plaquée contre la paroi, recroquevillée, une femme au crâne défoncé. On avait dû inciter cette dernière à accompagner son maître dans l'au-delà... Mais nous connaissons des contre-exemples : en Mésopotamie, les fameuses tombes d'Our, à peine plus récentes, ont livré une « reine » en position privilégiée, au milieu de richesses inouïes – les plus beaux mobiliers que l'on ait trouvés. Elle reposait au milieu de quelques dizaines de personnes qui avaient été obligées de la suivre dans la mort. Donc, une évidente diversité, selon les cultures et les époques.

La femme féconde, inventrice de l'agriculture, mère de la civilisation... C'est un beau mythe, mais ce n'est qu'un mythe ?

Les féministes des années 1970 ont beaucoup disserté sur ce sujet. Dans leur esprit, l'agriculture serait une découverte féminine, et les femmes auraient joué un rôle pivot dans la société d'alors, assurant la stabilité des villages, voire leur survie, alors que la chasse était plus aléatoire. Le néolithique aurait été l'âge d'or de la femme. L'homme aurait repris le dessus plus tard, instaurant le patriarcat à mesure que certaines techniques, notamment l'araire, qui exige de la force, et l'élevage, activité plus masculine, se seraient développés. Tout cela est spéculatif.

Qu'en pensez-vous ?

Les études des anthropologues le montrent : même si, dans certaines sociétés, la filiation se fait par les femmes, celles-ci n'occupent guère de position dominante systématique. J'ai tendance à penser qu'il y avait un certain équilibre entre les deux pôles, masculin et féminin. Le pouvoir ne relevait pas de l'appartenance à un sexe ou à un autre, mais plutôt de familles, de lignées. En tout cas, ni le féminisme ni le machisme ne peuvent trouver une justification dans le néolithique !

Premiers massacres

On imagine qu'en délimitant son territoire, en inventant une forme de propriété, les hommes découvrent du même coup les jalousies, les convoitises, les disputes, les conflits, la guerre...

Pas encore de guerres avec des soldats et des armées : celles-ci apparaîtront pour la première fois en Mésopotamie vers −3 000 ans. Mais des conflits, oui, pour s'approprier des richesses, des territoires, ou pour venger des affronts, des vexations. Ils commencent avec la sédentarisation au moment où la population augmente et se concentre. Le territoire de chasse est plus limité quand on est sédentaire. D'où des désaccords, des heurts...

Il reste des traces de ces conflits ?

Une nécropole située à Jebel Sahaba, au Soudan, datant de −11 000 ans, contenait une soixantaine de corps, dont vingt-quatre étaient percés de flèches, avec parfois des impacts de plusieurs projectiles... En Allemagne, dans une tombe de −5 000 ans, on a trouvé 33 personnes, hommes, femmes, enfants, le crâne fracassé par des haches de pierre... C'est sûr, au néolithique, les gens ont commencé sérieusement à se taper dessus. Mais entre massacres délibérés et sacrifices, l'interprétation est souvent floue.

On ne vit de toute façon pas longtemps à cette époque-là.

La mortalité infantile est très élevée. Certains anthropologues disent qu'un quart des enfants meurent à la naissance, un autre quart avant dix ans. L'espérance de vie moyenne est faible, environ trente ans. Mais on sait que certaines personnes ont atteint soixante, voire soixante-dix ans. Les hommes sont exposés au manque d'hygiène, à la proximité des animaux, aux maladies – variole, tuberculose, brucellose, typhoïde... Ils souffrent d'arthrose, maladie des ruraux qui se développe évidemment à cette époque-là. Ils ont des caries...

Ils se soignent ?

Les chairs ne se conservent pas. Nous ne pouvons qu'examiner les os. Les hommes de cette époque savent poser des attelles pour ressouder les fractures. Et pratiquent aussi de curieuses trépanations. Est-ce pour tenter de combattre des crises d'épilepsie, des céphalées ? Ou s'agit-il d'un geste rituel ? Une chose est sûre : on trépane souvent, et l'intéressé survit : on relève des traces de cicatrisation sur les crânes. On a même retrouvé un crâne sur lequel un second trou avait été foré *post mortem*, vraisemblablement par curiosité, pour essayer de comprendre les causes du décès. Les « chirurgiens » de cette époque avaient déjà l'esprit scientifique.

L'État s'esquisse

À quel moment se termine la grande métamorphose néolithique dont nous venons de parler ?

Elle se parachève au troisième millénaire avant notre ère : les Sumériens, en Mésopotamie, inventent l'écriture ; en Égypte, la population se concentre sur les bords du Nil, et s'unifie dans la première civilisation pharaonique. Ailleurs s'amorce la protohistoire, que les archéologues classent en périodes successives : « âge du cuivre » (quatrième et troisième millénaires avant notre ère), « âge du bronze » (entre −2 200 et −800 ans), « âge du fer » (à partir de −800 ans)... Mais ces catégories techniques n'ont pas grand sens. En réalité, il n'y a pas de coupures. Il s'agit toujours de la même histoire.

Et du même mode de vie ?

L'économie est toujours fondée sur l'agriculture et l'élevage ; mais les modes de vie sont de plus en plus marqués par la complexification : en Méditerranée orientale, on construit des palais, on édifie des remparts, qui traduisent l'existence de communautés plus puissantes, plus hiérarchisées, aux activités sans cesse plus spécialisées. Apparaissent des personnes qui sont dégagées de la production alimentaire, des artisans qui ne s'occupent que du travail du métal, de la poterie, des roches, des peaux... Et, au sommet de la pyramide sociale, une autorité supérieure qui organise la redistribution des denrées et qui règle les conflits. L'esquisse de l'État.

L'égalité souhaitée

Le simple fait de se « poser », de s'installer sur un territoire, d'y agglutiner un groupe humain, aurait ainsi suffi pour faire naître le pouvoir et les inégalités.

Oui. Mais on peut se demander s'il ne s'agit pas plutôt d'un retour à l'inégalité entre les hommes.

Pourquoi un retour ?

Revenons un moment à l'ancien temps, chez les premiers hommes du paléolithique. Le monde sauvage autour d'eux est profondément inégalitaire. Eux, ils se donnent des règles, des tabous, ils se distinguent de l'univers animal. Toutes les comparaisons ethnologiques nous le prouvent, ces petites bandes de chasseurs-cueilleurs devaient faire preuve de beaucoup de solidarité. Le chasseur tue la bête, il a le prestige de l'avoir tuée et il offre les morceaux à ses compagnons... Le partage est une nécessité, une sécurité : demain, un autre que lui rapportera le gibier. Il est bon qu'il puisse à son tour en bénéficier.

Dans un monde inégalitaire, les humains auraient donc inventé l'égalité, avant de la perdre...

Oui. Le droit à l'égalité est une création humaine, pour opposer à l'inégalité qui règne chez les animaux et qui est aussi la tendance naturelle de l'animal humain. Sociétés solidaires veillant à une certaine satisfaction des besoins de tous, les communautés de chasseurs ne pouvaient engendrer de trop gros écarts. Mais avec les premiers villages et la production galopante, l'inégalité aurait repris le dessus...

Rien de nouveau sous le soleil

Domestiquer la nature les aurait incités à domestiquer l'homme... De ce point de vue, le néolithique serait donc une sorte de retour en arrière ?

On peut le craindre. Imaginez les hommes de cette époque : ils s'imposent en maîtres dans le monde vivant, ils domestiquent les plantes et les animaux, ils réussissent à vaincre la nature... J'ai le sentiment que cette domination les a grisés et leur a un peu tourné la tête ! Ils ont le goût de la compétition, ils se voient en vainqueurs, en conquérants. Et ils sont tentés d'appliquer cette domination à leur propre espèce.

Mais il n'y a plus alors de retour possible. L'homme a mis le doigt dans l'engrenage...

L'histoire n'est pas linéaire. Il y aura toujours des ascensions mais aussi des crises. Vers −3 800 ans, par exemple, au moment où la Mésopotamie s'envole, Chypre s'effondre, ses villages s'amenuisent, sa population décroît. Mais l'idée même du néolithique est irréversible. On ne remettra jamais en cause l'agriculture et l'élevage, ni la sédentarisation qui conforte les pouvoirs en gestation et crée des richesses.

D'une certaine manière, vous nous avez décrit l'époque où l'homme a gagné sur la nature, mais a perdu sa liberté.

La première société paysanne est déjà très intégrée. Les gens sont vite devenus dépendants les uns des autres. Les villages se sont rapidement fédérés autour de petites « capitales » régionales, préfigurations des futures villes. Ces cités deviennent tôt des marchés, des lieux de culte, de rencontre. On y règle les tensions par des alliances, des unions. Mais, périodiquement, les conflits naissent, la guerre s'installe. Finalement, l'homme montre déjà qu'il est capable du meilleur comme du pire. Depuis cette époque, rien n'a vraiment changé sous le soleil.

Épilogue

Et maintenant ? Comment l'animal humain s'est-il affranchi de sa nature ? Sommes-nous vraiment sortis de la préhistoire ? On s'interroge, on s'inquiète... Saurons-nous continuer notre plus belle histoire ?

Le mélange, c'est la diversité

Dominique Simonnet : *Quelques dizaines de millénaires nous ont faits ce que nous sommes. Nous avons parlé de la diversité des peuples née de la préhistoire. Avec la mondialisation des échanges, n'allons-nous pas maintenant vers une uniformisation, résultat du grand mélange ?*

André Langaney : Non, la promiscuité généralisée est une idée fausse. À l'heure actuelle, les déplacements à longue distance et les migrations ne concernent même pas 10 % de la population mondiale. 600 millions d'individus seulement vivent dans des régions de grand métissage, soit des grandes villes, soit d'anciennes zones de déportation des esclaves, au Brésil, dans l'océan Indien, là où les populations se sont rencontrées malgré elles au cours de l'histoire. Les autres ne se déplacent pas et vivent sur place, avec leurs concitoyens.

Cette situation est en train de changer...

Oui, avec la croissance des grandes cités. Mais les plus peuplées, celles de Chine, d'Asie ou d'Inde, grandissent dans un *melting pot* local, et non pas mondial. Les villes qui représentent vraiment des creusets du mélange des populations ne sont pas majoritaires.

On dit souvent que la population humaine, à force de mélanges, va produire de plus en plus d'individus métissés, café au lait en quelque sorte...

Et c'est une autre idée fausse. L'analogie est trompeuse : on pense qu'en mélangeant du noir et du blanc, on obtient du café au lait, une belle teinte intermédiaire. Cela paraît vrai quand on regarde les métis de première génération, qui ont souvent une couleur de peau à mi-chemin entre celles de leurs deux parents. Mais les généticiens le savent bien, la deuxième génération reconstitue généralement les types des grands-parents et recombine généralement des caractères qui étaient dissimulés chez leurs parents.

À quoi aboutit-on, alors ?

Si l'on veut voir les effets du mélange à long terme, on peut regarder les Brésiliens, qui ont, dans leurs gènes, une faible composante amérindienne, une composante africaine plus forte, et une très forte composante européenne. Ou les habitants des îles de l'océan Indien, où l'on a jadis déporté quantité d'esclaves qui venaient d'Afrique, des Indes ou d'Orient. Et qu'observe-t-on ? Pas du tout un type standard de métis café au lait, mais au contraire une très grande diversité des types physiques, avec des mélanges de caractéristiques qui n'existent pas dans les populations d'origine : cheveux crépus blonds, yeux bridés bleus...

Le métissage n'uniformise donc pas ?

Au contraire. La thèse qui voudrait que les métis soient intermédiaires, que les types originaux disparaissent pour donner quelque chose d'uniforme, est erronée. On ne mélange pas deux gènes, on ne peut pas en faire la moyenne. Les gènes ne se diluent pas les uns dans les autres, ils s'associent de manière différente à chaque génération, en combinaisons toujours originales. Le mélange augmente la diversité des êtres humains. Il ne la réduit pas.

Langues en voie de disparition

C'est une bonne nouvelle, donc ; la diversité des êtres humains subsiste et peut-être même se magnifie. Qu'en est-il de cette autre invention humaine dont nous avons parlé : la diversité de nos langages ?

C'est une mauvaise nouvelle, cette fois. La situation des langues dans le monde est dramatique. Nous assistons actuellement à une extinction accélérée de nombre d'entre elles. Il est vraisemblable que de nombreuses langues ont été perdues à diverses étapes de notre histoire. La culture des colonisateurs a souvent balayé celle des colonisés, au point parfois de la faire disparaître totalement. Mais aujourd'hui, nous en perdons plus que jamais.

À cause de la mondialisation ?

Bien sûr. Au néolithique, chaque village tendait à avoir son propre dialecte, un parler pour cinq cents personnes. Aujourd'hui, les moyens de communication ont tout changé. La télévision a laminé les langages locaux, et les grandes variations entre le Nord et le Sud se sont estompées. Même si, dans un petit coin du Sénégal oriental ou ailleurs, 2 000 personnes conservent leur dialecte, elles subiront rapidement le sort du breton ou du basque, qui sont conservés comme ornements culturels mais ne sont plus des langues véhiculaires. Ce phénomène est général dans toutes les régions du monde, au profit de peu de langues qui permettent de voyager, de s'instruire et de bien vivre dans le monde actuel.

Comment voyez-vous la suite ?

Les langues les moins parlées vont s'éteindre. Certains linguistes vont jusqu'à estimer que, dans vingt ans, 95 % des langues actuelles auront disparu ! C'est peut-être aller vite en besogne. Mais il est sûr que le pouvoir de communiquer avec le maximum de personnes devient fondamental partout sur la planète et que donc l'anglais, le chinois, le russe, l'arabe et certaines langues véhiculaires indiennes et africaines vont entrer en compétition.

Les droits de l'homme d'abord

On constate alors que c'est notre diversité culturelle qui est menacée, et non pas notre diversité biologique.

Tant que l'on n'élimine pas massivement des peuples, nos gènes sont en sécurité. Mais il y a une tendance à l'uniformisation de nos modes de vie, et donc des cultures de la planète. Cependant, je crois quand même que celles-ci ont une capacité de résistance insoupçonnée. Après tout, cette diversité-là, nous avons le pouvoir de la préserver. Si nous le voulons...

Mais le veut-on ?

Il est évident que la perte de la diversité culturelle est très mal vécue par les scientifiques. Les ethnologues voient leur « matériel » humain leur filer entre les doigts... Mais qui souhaiterait que, sous prétexte de préserver leur culture, des populations continuent à vivre hors de toute assistance médicale, sans accès aux techniques modernes, comme vivaient nos ancêtres il y a 5 000 ans ou des aborigènes australiens il y a encore un demi-siècle ? Personne ne peut souhaiter cela. Le temps où l'on imaginait faire vivre des gens dans des réserves est bien révolu. Plus personne ne veut vivre à l'âge de la pierre. Dès que des êtres humains peuvent exercer leur choix en connaissance de cause, ils choisissent toujours la modernité. Et la modernité, c'est forcément la perte de la diversité culturelle.

Pleurer sur la diversité perdue, c'est un luxe d'Occidental ?

Oui. Il ne faudrait pas établir une sorte de religion de la diversité humaine, où on louerait tout ce qui est différent, exotique ou un peu singulier. Dans toutes les cultures de la planète, il y a des comportements que l'on peut qualifier d'inhumains et contre lesquels il faut lutter. On ne peut pas admettre, au nom de la culture et de la différence, que l'on coupe les mains des voleurs ou que l'on soumette des enfants à des mutilations sexuelles... Rien n'autorise le mépris des autres. Mais rien ne nous oblige, non plus, à respecter ce qui nous semble inhumain dans leurs actes. D'une certaine manière, nous recherchons maintenant la compatibilité entre les différentes cultures, nous allons vers une culture commune, avec ses règles et ses lois, portée par les organisations internationales. Les droits des humains n'ont de sens que s'ils sont universels. Et tant pis pour la diversité !

Des idées préhistoriques

Est-ce qu'il y a un devoir moral du chercheur face à ces questions ?

Il y a une responsabilité, face à la société, de ceux qui détiennent le savoir scientifique ou qui le transmettent.

Quand certaines personnes colportent, pour des raisons idéologiques, l'idée mensongère que la France se dépeuple, nous devons hurler aux menteurs. Quand le parti d'extrême droite prétend qu'il existe des races et que celles-ci n'ont pas les mêmes capacités ni les mêmes aptitudes que les autres, nous devons dire que cela est contraire à l'état de la science.

Il n'est hélas pas le seul à entretenir encore de tels préjugés.

Non. Le FBI américain tente, aujourd'hui encore, de trouver des marqueurs génétiques qui déterminent l'appartenance raciale, dite « ethnique », d'une personne. En France aussi : un jour, des spécialistes de la police scientifique m'ont demandé de leur trouver des techniques génétiques pour identifier les individus d'origine maghrébine, ce qui est absurde : la Méditerranée, loin d'avoir été un obstacle entre l'Afrique du Nord et l'Europe, a été un lien ; on y navigue depuis 8 000 ans et les populations des deux continents sont incroyablement mélangées... Les techniques font des progrès fabuleux. Mais les idées restent parfois très primitives !

Même s'il n'est pas fondé scientifiquement, le mot « race » reste dans le langage courant.

Oui. Et les chercheurs n'y changeront rien. Avec ce mot, on confond la manière de s'habiller, de se parer, les comportements, les gestes. Personne, évidemment, ne peut prétendre qu'un Esquimau ressemble à un Pygmée. Ils sont physiquement totalement différents. Mais on a encore des difficultés à admettre qu'il n'y a pas de frontières en matière de caractéristiques physiques et que l'apparence des êtres humains ne permet pas de les enfermer dans des catégories raciales ou génétiques. J'ai un ami tunisien, musulman, qui parle arabe. Quand on le voit dans une rue, on le prend pour un Irlandais : il est roux, pâle et plein de taches de rousseur. Comme il est immunologiste, il a effectué quelques tests sur lui-même et il a découvert qu'il possédait, en double, un gène réputé n'exister qu'en Afrique noire ! Voilà donc un monsieur qui a l'air nordique, dont le sang pourrait indiquer qu'il est noir, et qui se trouve être tunisien. Et bon immunologiste...

Moralité : ne vous fiez pas aux apparences. Mais on ne peut pas toujours faire appel à la science...

En effet. Mais nous sommes aussi des citoyens. Nous vivons dans une nation qui est fondée sur des principes. Notre constitution édicte clairement que rien, dans notre société, ne doit être fait en fonction des appartenances raciales, religieuses, ethniques, culturelles ou autres... Définir des seuils d'acceptation d'étrangers, prétendre établir des critères d'appartenance raciaux, tout cela est inacceptable. Combattre de telles attitudes relève de la responsabilité de chacun.

Vous avez dit progrès ?

Quand on regarde l'agitation de l'animal humain en cette fin de millénaire, on peut penser que nous ne sommes pas encore vraiment sortis de la préhistoire. Où en est-on aujourd'hui de cette étonnante histoire de l'homme ? Quand vous la regardez avec un peu de recul, vous semble-t-elle toujours en progrès ?

Aujourd'hui, grâce à nos techniques, notre capacité de transmettre notre culture s'est accrue de manière prodigieuse. Quand on parle de progrès, on y voit une intention, un jugement de valeur. Mais que signifie exactement « progrès » ? Si l'on raisonne en termes de génétique, les algues et les papillons ont développé plus d'ADN que nous. S'il s'agit de la masse réalisée par une espèce, alors les vers de terre ont mieux réussi que les humains.

Parlons alors de la capacité de s'arracher à la nature et de la transformer...

Il n'est pas exclu qu'à certaines époques d'autres espèces aient transformé la nature plus que les humains ne l'ont fait. Les premières plantes ont changé la composition de l'atmosphère, y introduisant l'oxygène, ce qui a déclenché le foisonnement de la vie. Certes, nous faisons très fort, à l'heure actuelle, en saccageant la planète... La spécificité humaine, ce n'est pas seulement le langage à double articulation et la faculté de se diversifier comme nous l'avons dit, c'est aussi la capacité de se projeter, d'anticiper. Le projet, ce n'est plus une réponse aux contraintes biologiques ni aux nécessités de l'environnement. C'est le choix de rompre avec l'état de nature, de vivre autrement. Contrôler, décider, inventer la société. Encore faut-il que ce choix puisse être durable et accessible à l'ensemble des habitants de cette planète, ce qui est loin d'être le cas.

Vous croyez que cela pourra arriver un jour ?

J'ai un tempérament pragmatique. D'un côté, on constate qu'indépendamment de leurs origines politiques, culturelles, biologiques, les humains ont tout ce qu'il faut pour communiquer entre eux, partager leurs ressources, leurs savoirs, leurs connaissances. Mais de l'autre, on sait que des morceaux de continents entiers ont été détruits, dépeuplés ou anéantis par nos semblables, et que la faculté humaine la plus répandue, dans toutes les sociétés, dans toutes les cultures, c'est quand même la volonté d'attaquer son voisin et de lui dérober ce qu'il possède. Les zones de prospérité sont pourtant souvent celles qui ont connu les paix les plus durables. Mieux comprendre les raisons pour lesquelles les humains cherchent plus souvent à se battre qu'à coopérer, et y remédier, voilà un projet commun exaltant pour le nouveau millénaire.

⁂

Le patrimoine de l'imaginaire

Dominique Simonnet : *Le projet humain, ce fut de rompre avec la nature, comme le disait André Langaney, mais aussi de la transcender par l'imaginaire, l'art, la religion... Cette première culture ancestrale a-t-elle encore des échos en nous aujourd'hui ?*

Jean Clottes : Bien sûr. Nous sommes toujours unis à nos ancêtres par notre cerveau, par nos comportements, par l'extrême variété de nos attitudes face à l'environnement : la diversité dans l'unité, c'est effectivement ce qui caractérise l'espèce humaine. Nous leur sommes également liés par l'imaginaire... Réalise-t-on que l'art rupestre, cette pratique qui consiste à peindre et graver sur les parois dans des cavernes ou plus souvent en plein air, est la seule manifestation culturelle de l'humanité qui se soit poursuivie pendant plusieurs dizaines de millénaires, sans interruption, sur les cinq continents ! On trouve des peintures et des gravures sur les rochers en Scandinavie, en Sibérie, en Afrique... Partout.

Mais il y a bien longtemps que l'on ne va plus au fond des cavernes pour dialoguer avec les esprits des lieux.

On a relevé quelques traditions comparables chez les Mayas, qui, eux aussi, ont peint dans les grottes profondes. En République dominicaine, des gens se sont représentés au fond des cavernes en train de fumer une plante hallucinogène... À part quelques cas, la pratique du voyage initiatique au fond d'une grotte fut en effet caractéristique de la préhistoire et demeure exceptionnelle dans l'aventure humaine. En revanche, de tout temps, on a pratiqué l'art des parois.

Dans quel but ?

Pour transcrire les mythes des origines, exprimer des croyances, ou simplement raconter des histoires. En Amérique du Nord, dans l'Oregon et l'État de Washington, des peintures rupestres indiennes mettent en scène une déesse de la mort qui évoque les épidémies du XVIIIe siècle, apportées par les Blancs. Sur les gravures d'une vallée italienne, on peut voir se succéder toutes les époques, du néolithique au Moyen Âge : guerriers avec boucliers, épées, lances, inscriptions romaines, églises médiévales dessinées avec des croix...

Le racisme culturel

Jusqu'à quelle époque des artistes ont-ils ainsi peint sur les rochers ?

Jusqu'à la fin du XIXe siècle en Afrique et en Amérique, et encore plus récemment en Australie où il peut y avoir, çà et là, des traditions qui se perpétuent. Dans certaines régions, on conservait encore des coutumes religieuses ancestrales parce que les modes de vie n'avaient pas beaucoup changé. Et puis, quand le dernier initié de la tribu meurt, l'art s'éteint. Car il ne se transmet que par la tradition orale. Depuis peu, l'art rupestre est donc devenu quasiment partout un art fossile.

Cet art des rochers serait comme un grand livre ouvert, aux pages dispersées sur la planète, où on pourrait retrouver des morceaux d'histoire, des fragments de la mémoire ancestrale...

Il compose le plus extraordinaire musée du monde, un patrimoine de l'humanité qui possède à l'évidence une valeur universelle. Mais le drame, c'est qu'à l'exception de quelques lieux il n'est pas protégé. Au moment même où on reconnaît son importance, sa destruction n'a jamais été aussi rapide ni aussi étendue.

Qu'est-ce qui le menace à ce point ?

Dans des abris ou en plein air, il est soumis à des agressions de toutes sortes. Celles de la nature, bien sûr : il se dégrade vite sous l'effet du soleil, du gel, des écoulements d'eau... Mais aussi celles des hommes : en Europe du Nord, les pluies acides, provoquées par la pollution industrielle, menacent les gravures de Scandinavie. Partout, le vandalisme fait disparaître des sites entiers : dans certains pays, les roches gravées sont même découpées pour être vendues. Et, bien entendu, l'urbanisation et l'industrialisation le détruisent sur tous les continents.

Malgré l'engouement croissant qui se manifeste un peu partout pour nos origines ?

Aux États-Unis, très peu est fait pour protéger les sites d'art rupestre qui se comptent par milliers : on a détruit des fresques exceptionnelles pour construire des corrals ou des barrages. Beaucoup, dans le Far West, sont criblées de balles ! Des milliers d'œuvres précieuses ont également été noyées par des barrages dans de nombreux pays, comme la Chine, la Russie, le Portugal (vallée du Tage)... Dans moins de cinquante ans, si on n'a pas réagi avant, une grande partie de la culture commune de l'humanité aura disparu à jamais !

Comment réagir, alors ?

Il faudrait une prise de conscience internationale pour que, dans chaque pays, on puisse faire l'inventaire des œuvres, les étudier, établir des relevés... On se mobilise pour ne pas laisser partir un Van Gogh à l'étranger. Pourquoi ne bougerait-on pas pour sauvegarder les précieux dessins des parois ?

Comment expliquez-vous cette indifférence, alors que l'on déploie par exemple de gros efforts pour préserver l'art égyptien ?

Tout ce qui n'appartient pas directement à notre culture, l'art africain, l'art indien, intéresse moins les Occidentaux. Les Américains, par exemple, ne sont, pour la plupart, sensibles qu'à ce qui vient d'Europe, là où se trouvent leurs racines. D'une certaine manière, nous faisons tous preuve d'une sorte de racisme culturel.

Les grottes meurent aussi

Les fameuses grottes, les fleurons de l'art préhistorique, sont-elles également menacées ?

Les grottes sont mortelles, comme la terre est mortelle. Surtout à partir du moment où on les a découvertes. Pour les sauvegarder, il faut donc protéger les sites, car ce sont des milieux fragiles. Un incendie au-dessus du site de Pech-Merle (dans le Lot) par exemple serait une catastrophe majeure, car au moment des grosses pluies les eaux ne seraient plus retenues et couleraient massivement dans la grotte. Il faut veiller non seulement à la préservation de la cavité elle-même, mais aussi à celle de son environnement proche.

On ne s'en est pas vraiment soucié jusque-là...

C'est vrai. Autrefois, il n'était pas rare, en explorant une caverne, de trouver des silex ou des pointes de flèches. On les gardait en souvenirs... En 1925, pour explorer une nouvelle galerie fermée par un lac dans les cavernes de Niaux, l'abbé Breuil a fait sauter le plancher stalagmitique à la dynamite pour laisser s'écouler l'eau. De la dynamite dans un lieu déjà classé ! Puisque les grottes se sont conservées pendant 15 000 ans, pensait-on, elles sont éternelles.

Dans les années 1950, celle de Lascaux a bien failli mourir, ravagée par la pollution des touristes...

On a découvert un jour que des gouttes d'eau sur certaines stalactites étaient teintées. La peinture s'estompait. Le flot des visiteurs changeait complètement l'environnement souterrain, les températures s'élevaient, des voiles se formaient sur les peintures, des algues les parasitaient... Voilà pourquoi on a construit une reproduction de la grotte pour les touristes et on a fermé la vraie grotte au public.

On ne commet plus toutes ces bêtises aujourdhui.

Beaucoup moins. Aujourd'hui, les spéléologues cherchent plus que jamais, mais ils sont formés à la protection des sites. Les chercheurs aussi. Plus question d'ouvrir un chantier d'autoroute ou de tunnel sans commencer par une fouille de sauvegarde. Partout, on s'efforce d'appliquer la devise des médecins : « *Primum non nocere* » : d'abord, ne pas nuire. Un nombre croissant de personnes comprennent qu'il est essentiel de transmettre ce patrimoine aux futures générations.

Outre l'art rupestre, certaines traditions de nos premiers ancêtres survivent-elles encore aujourd'hui ?

Au siècle dernier, il restait encore quelques îlots de culture traditionnelle. Des régions, comme la Nouvelle-

Guinée, étaient encore occupées par des populations qui n'avaient jamais eu de contact avec les Blancs. Mais maintenant, c'est terminé. Notre époque a vu la fin des terres vierges. On ne trouvera plus d'humanité nouvelle. Ni de peuples qui ont conservé leurs modes de vie depuis la nuit des temps. Les jeunes quittent les tribus pour habiter la ville, ils constituent hélas souvent un sous-prolétariat touché par la drogue et l'alcool. Et leurs traditions disparaissent.

La fin de l'art vivant

Plus de cultures traditionnelles ?

Les cultures évoluent et se transforment vite au contact des Occidentaux. Il existe toujours des cultures traditionnelles, qui persistent et qui s'attachent à conserver leurs modes de vie, dans les Amériques, en Asie, en Afrique ou en Australie. En outre, ici et là, on s'efforce parfois de faire revivre les traditions ancestrales disparues, avec le soutien des ethnologues et des archéologues. Ailleurs, des mouvements New Age cherchent à célébrer les cultes anciens... Mais ces derniers me paraissent moins sérieux.

Vous ne les approuvez pas ?

Lorsque des cultures ont perduré tout au long de l'histoire, il est normal que l'on veuille les conserver. Mais quand elles sont éteintes, est-il nécessaire de les réactiver de manière artificielle ? L'art et le sacré ont toujours été profondément ancrés dans la vie quotidienne. On ne peut les en séparer. En Australie, il est arrivé que certaines personnes, encouragées par des archéologues, repeignent sur des peintures vieilles de plusieurs milliers d'années. Cela au nom de leur indépendance. Que ne dirait-on pas si les autorités catholiques recouvraient le plafond de la chapelle Sixtine avec de nouvelles fresques, sous prétexte que cela appartient à leur culture !

La leçon des ancêtres

Vous passez une grande partie de votre temps dans le silence des grottes, plongé dans l'imaginaire de nos ancêtres. On imagine que cela vous incite à la méditation. Jugez-vous les « progrès » de l'humanité avec la même sévérité qu'André Langaney ?

Nous avons toujours tendance à penser que l'humanité est en progrès constant. Mais cette idée est un héritage du siècle des Lumières, et elle demande effectivement à être nuancée. Si on s'intéresse à notre compréhension scientifique du monde, il y a bien sûr un progrès indéniable. Mais avons-nous avancé dans nos valeurs et dans notre conduite morale ? Avons-nous amélioré notre manière de gérer la nature ?

Quelle est votre conviction ?

Dans les dernières décennies, nous avons malmené notre planète, mettant en péril l'essentiel : la survie de l'espèce humaine. Nous voulons dominer la nature, mais nous l'écrasons... Il m'arrive de penser que la philosophie des Indiens d'Amérique, des Bochimans du Sud de l'Afrique ou des aborigènes australiens était parfois supérieure à la nôtre...

En quoi ?

Quand les premiers colons européens sont arrivés en Australie, ils ont demandé aux Aborigènes : « À qui appartient cette terre ? » Ces derniers sont restés sans réponse. Un tel concept leur était étranger : pour eux, la terre n'avait pas de propriétaire. Dans cette culture-là, les hommes appartiennent à la terre et en sont partie intégrante, comme les animaux, comme les arbres. Ni plus ni moins. C'est un concept magnifique, d'une grande valeur éthique et esthétique. Beaucoup plus beau, en tout cas, que celui de la propriété individuelle qui imprègne tous nos comportements. Nous gagnerions, je crois, à nous mettre à l'école de ces cultures traditionnelles et à tirer des leçons de la mémoire de nos ancêtres.

⁂

L'histoire, pas la préhistoire

Dominique Simonnet : *La grande mutation survenue vers −10 000 ans que vous avez racontée a bouleversé l'histoire humaine. Mais si on regarde le monde aujourd'hui, après avoir écouté André Langaney et Jean Clottes, il n'est pas certain qu'elle soit terminée.*

Jean Guilaine : L'homme existe depuis 3 millions d'années. Il a vécu en chasseur-cueilleur pendant 2 990 000 ans ! La mutation du néolithique a donc duré moins de 10 000 ans, à peine quelques millièmes de notre histoire... Rien à l'échelle de l'aventure humaine ! Cette période fondamentale est donc toute récente. Elle fait partie de notre présent. Pour moi, ce que nous avons décrit dans ces pages ne relève d'ailleurs pas de la préhistoire, mais bel et bien de l'histoire. La nôtre.

Pas de la préhistoire ?

Non. Certes, pour les spécialistes, l'histoire ne commence qu'avec l'écriture, tout ce qui précède étant la « pré-histoire ». Cette distinction ne me paraît plus pertinente. L'écriture n'est qu'un révélateur, elle n'a fait que laisser des témoignages sur les compétences humaines. Mais celles-ci existaient bien avant. La grande mutation humaine a lieu, on l'a vu, avec la sédentarisation, vers −10 000 ans, qui a déclenché l'engrenage de la société complexe, de la civilisation, du pouvoir, toutes choses qui définissent le cadre de vie d'aujourd'hui.

Notre identité ne diffère en rien de celle de nos ancêtres ?

On a toujours eu tendance à minimiser leur influence. Il y a peu de temps encore, on disait que les artisans spécialisés étaient apparus avec l'âge du bronze. C'est faux : les chasseurs-cueilleurs du paléolithique qui taillaient les silex étaient déjà des artisans éprouvés. On a dit que les temples n'avaient été édifiés que tardivement. C'est faux : les premiers sanctuaires existent avec les premiers villages... En fait, on est en train de réaliser aujourd'hui que tout ce qui fait l'identité de l'humanité était en place depuis bien longtemps.

Eux, c'est nous !

Si on sous-estime nos ancêtres, c'est peut-être pour nous valoriser ?

Peut-être... En tout cas, à mesure que l'on se penche sur leur vie, on les découvre aussi intelligents, inventifs voire ambigus que nous le sommes. Au paléolithique, on percevait déjà bien le cycle des saisons, on suivait les phases de la Lune ; on prévoyait que les fruits seraient mûrs à tel moment, que les rennes passeraient à tel autre... On comprenait les cycles de la vie, on possédait une mémoire du temps, on anticipait, on pensait le monde... Et les premiers sédentaires, qui ont bénéficié de tout cela et qui ont, de surcroît, multiplié les innovations, n'avaient pas un esprit très différent du nôtre.

Nous serions toujours dans le néolithique, en somme.

Oui. Eux, c'est nous ! Nos ancêtres ont fait du mieux qu'ils pouvaient avec les moyens techniques dont ils disposaient. Mais la manière dont ils se percevaient, leurs relations à la nature, leurs rapports avec leurs semblables sont bien proches de nos propres comportements. Je ne vois guère de différences. Les vestiges archéologiques témoignent dans ce sens. Les bijoux, les parures, les armes, les comportements de séduction, de pouvoir, le goût du paraître... Rien n'a changé !

Nous ne vivons plus comme eux, quand même !

On le faisait encore il n'y a pas si longtemps. Qu'est-ce qui distingue la vie dans les grandes fermes danubiennes vers −5 000 ans avant notre ère et celle dans les fermes françaises de l'Ancien Régime ? La charrue, les moulins, quelques techniques supplémentaires... C'est tout. L'essentiel de la révolution néolithique a perduré jusqu'à la révolution industrielle du XIXe siècle. Le néolithique, c'est la source de notre histoire, le moment où on a commencé à artificialiser le monde.

Soif de sauvage

Sur ce plan, la mission est réussie : la planète est entièrement conquise, le monde sauvage circonscrit, la nature asservie...

Désormais, il n'y a plus de milieu naturel. En Occident, tous les territoires ont été « humanisés », sauf peut-être quelques sommets élevés. L'homme est passé partout. Il a tout modifié. Regardez une forêt du Midi de la France, par exemple. Jadis, elle était composée de chênes pubescents. Au néolithique, l'homme a mis le feu pour créer un champ, puis il est parti. La forêt a repris, mais la compétition entre les espèces a davantage souri aux chênes verts qui ont gagné du terrain. Puis l'homme est revenu, entraînant de nouvelles transformations du paysage, toujours plus socialisé. Ce que nous voyons maintenant n'a plus rien de naturel. On ne le sait pas toujours, mais notre décor est entièrement artificialisé. Partout, la culture s'est substituée à la nature.

Et pourtant, on continue à chasser, on a soif de nature... Aurions-nous toujours besoin de sauvage ?

Dans un coin de notre tête, nous avons gardé le goût du paradis perdu, le besoin de la mère nature originelle. Nous sommes domestiqués, artificialisés, mais nous cultivons toujours en nous cette part de sauvage. Nous l'avons raconté, les premiers paysans, qui venaient de découvrir les avantages de l'élevage, ont quand même éprouvé le désir d'importer des espèces animales sauvages pour pouvoir les chasser et pour conserver un peu du mythe originel.

Les chasseurs d'aujourd'hui, qui élèvent des sangliers et des faisans avant de les relâcher, ne font pas autrement.

Notre culture reste imprégnée des mythes de la forêt, et de notre volonté de montrer notre supériorité. Alors, de temps en temps, nous recréons nous aussi un peu de sauvage pour montrer que nous sommes toujours capables de le dominer. En tuant la bête en fuite, on dramatise la victoire de l'homme sur la nature, on la réaffirme... Depuis 10 000 ans, nous n'avons cessé de réaffirmer ainsi cette conquête, répétant symboliquement la révolution néolithique. L'homme veut montrer qu'il est le seul maître à bord.

La mentalité néolithique

L'homme, au sens restreint. Car il n'est pas sûr que la partie féminine de l'humanité éprouve l'envie de faire la même démonstration. Ce clivage-là semble lui aussi remonter de la nuit des temps. Le genre masculin aurait donc conservé la mentalité du néolithique ?

Oui, celle du vainqueur, du conquérant. Nous avons soumis la nature, vaincu la matière... Nous croyons toujours que rien ne peut nous résister. Et nous éprouvons ce même sentiment de pouvoir vis-à-vis de notre propre espèce. Pouvoir sur la nature, pouvoir sur les choses, pouvoir sur les autres hommes.

Vous connaissez l'histoire : pour traverser une rivière, le scorpion demande au renard de le prendre sur son dos : « Je ne te piquerai pas, promet-il, car sinon je mourrais avec toi. » Convaincu, le renard accepte. Arrivé au milieu des flots, le scorpion le pique mortellement. « Pourquoi as-tu fait ça ? » demande le renard agonisant. « Je suis désolé, répond le scorpion, mais c'est dans ma nature... » Le pouvoir, la compétition, c'est dans notre nature, à nous les hommes ?

Je le crois. L'esprit de compétition et la volonté d'affirmer sa supériorité sur son voisin me semblent profondément ancrés dans la nature humaine.

Si on tire la leçon de cette histoire, on ne peut s'empêcher de se dire qu'en plantant la première graine l'homme ne s'est peut-être pas fait un cadeau !

En récoltant son blé au lieu de cueillir trois glands et deux prunelles, l'homme a pu faire des réserves, nourrir davantage de bouches, faire croître sa famille... Mais il s'est piégé. Car, en même temps, il a dû s'occuper des champs et des animaux, défricher, arracher les souches avec de petites haches polies, biner, planter, récolter...

Bref, travailler.

Oui, l'homme a généralisé le travail, il a capitalisé, créé des richesses, des surplus. Mais en même temps, il s'est donné une société pyramidale, il a accentué la contrainte. L'espoir représenté par la révolution agraire et urbaine du néolithique s'est en partie retourné contre lui. L'homme est devenu l'esclave de ce qu'il a créé. Il est le vainqueur, mais en même temps la victime.

Progrès ou déclin

La grande révolution, le nouvel âge dont nous parlions, c'est donc en fait l'avènement de la société de contrainte, le début de nos malheurs...

Tout dépend de la vision que nous nous faisons de l'évolution humaine. Pour l'ethnologue Marshall Sahlins, le paléolithique était l'âge d'abondance. Nos ancêtres chasseurs ne consacraient que quelques heures à la chasse, ils acquéraient de la nourriture facilement puisqu'ils n'étaient pas nombreux. C'est le mythe du paradis terrestre, qui est resté dans toutes les religions. Et puis vient le néolithique, le commencement d'un long déclin. Cette période symbolise la chute, la faute, la sortie de l'Éden : tu travailleras, tu gagneras ta vie à la sueur de ton front... En attendant un sauveur qui viendra rétablir le bonheur des origines.

D'autres voient plutôt l'histoire humaine comme une évolution constante, une libération progressive de l'homme.

Ce sont les théories du progrès développées au Siècle des lumières et au XIXe siècle. L'homme se libère de la nature et suit un chemin lumineux, vers un confort et un bonheur toujours plus grands... Les deux conceptions, celle du déclin comme celle du progrès, dépendent beaucoup des idées religieuses et philosophiques qui les sous-tendent.

Et de la situation économique dans laquelle on vit.

Oui. Celui qui, aujourd'hui, bénéficie des avantages du monde moderne et habite dans un environnement confortable pense évidemment que ses conditions de vie ont beaucoup progressé depuis l'époque de ses grands-parents. Mais le chômeur, celui qui ne connaît que la précarité, les difficultés quotidiennes ? Il est en droit de regretter le temps de ses grands-parents. L'évolution humaine est une notion subjective, on ne peut en tirer une appréciation générale, et on ne considère pas l'Histoire de la même manière quand on est un Occidental riche et comblé ou un pauvre hère d'Afrique ou d'Asie.

Plaisir et souffrance

Mais vous, qui connaissez à la fois la modernité occidentale et l'univers modeste de nos ancêtres, quel regard portez-vous sur cette plus belle histoire de l'homme ?

Je dois constater que, depuis ces temps anciens, l'homme a énormément progressé dans ses techniques et ses connaissances. Mais que le grand banquet de l'humanité, la libération de l'homme que pouvait annoncer le néolithique ne sont pas arrivés. Une bonne part de la population du globe ne mange pas à sa faim... Je pense que notre destin est irrémédiablement paradoxal. Le néolithique marque le début d'un processus qui n'a cessé de gagner jusqu'à nos jours. À chaque fois que l'homme résout un problème, il doit en payer le prix. Chacune de nos avancées a une contrepartie ; chaque victoire sur la nature suscite une nouvelle tension sur notre environnement ; chaque pas accompli vers le bien-être s'accompagne d'une nouvelle souffrance ; chaque liberté conquise se paie par une nouvelle contrainte. Faut-il s'y résigner et croire que l'homme ne sera jamais vraiment libre ? En fait, les luttes sont toujours inachevées. Dans l'aventure humaine, il y aura toujours une part de bonheur et une part de malheur, le bon et le mauvais, la sagesse et la folie. C'est le propre de notre espèce.

Achevé d'imprimer en novembre 1999
sur presse Cameron
par ***Bussière Camedan Imprimeries***
à Saint-Amand-Montrond (Cher)
pour le compte de France Loisirs
123, boulevard de Grenelle, Paris

N° d'édition : 32495. N° d'impression . 994948/4.
Dépôt légal : juillet 1999.

Imprimé en France